Astrid Heeper / Michael F. Schmidt

Erfolgreich verhandeln

Sich gut vorbereiten – gekonnt abschließen

4. Auflage

POCKET BUSINESS

Cornelsen
SCRIPTOR

Bibliografische Information der Deutschen Nationalbibliothek
Die Deutsche Nationalbibliothek verzeichnet diese Publikation in der Deutschen Nationalbibliografie; detaillierte bibliografische Daten sind im Internet über http://dnb.d-nb.de abrufbar.

 D C B A
Bibliographisches Institut GmbH
Bouchéstraße 12, 12435 Berlin

Redaktion Dr. Hildegard Hogen, Jürgen Hotz
Herstellung Judith Diemer
Umschlaggestaltung glas-ag, Seeheim-Jugenheim
Umschlagabbildung © Xuejun li – Fotolia.com
Satz Fotosatz Moers, Viersen
Druck und Bindung Offizin Andersen Nexö Leipzig GmbH, Spenglerallee 26–30, 04442 Zwenkau
Printed in Germany

ISBN 978-3-411-87128-5

Inhalt

Einführung

Was Sie in diesem Buch erwartet

Wir alle stehen häufig vor der Situation, verhandeln zu müssen oder zu wollen. Die Verhandlungen fangen schon bei einfachen, alltäglichen Dingen an, z. B. Verhandlungen mit Partnern oder Kindern über die Organisation des Haushalts oder die Auswahl der jährlichen Urlaubsreise. Darüber hinaus verhandeln wir mit Vermietern, Handwerkern, Verkäufern, wir führen Gehalts- und Geschäftsverhandlungen.

Oft sind wir uns dieser Tatsache gar nicht bewusst und führen die Verhandlungen, ohne uns über unsere Ziele eindeutig klar zu sein. Unterschiedliche Verhandlungstaktiken und Vorgehensweisen setzen wir eher unbewusst ein.
Bei weniger wichtigen Verhandlungen mag dies ausreichen, bei wichtigen Geschäftsverhandlungen oder bei Verhandlungen um hohe Geldsummen sind hingegen gute Planung und strategisches Vorgehen erforderlich.

Was heißt verhandeln?

Verhandeln heißt, sich zu einem Sachverhalt (z. B. einem Vertrag) mit einem oder mehreren Verhandlungspartnern zu einigen. Verhandeln bedeutet, dass Sie und/oder Ihr Verhandlungspartner Zugeständnisse machen, um ein gemeinsames Ergebnis zu erzielen.

> Faires Verhandeln heißt geben und nehmen mit dem Vertrauen, ein für beide Seiten akzeptables Ergebnis zu erzielen. Diese Strategie nennt man auch die Win-win-Strategie.

Wachstum, Fortschritt und Erfolg beruhen auf der Win-win-Strategie, einer Einigung, die für beide Seiten Vorteile bringt, denn die Übervorteilung des Verhandlungspartners wird auf lange Sicht auch mit eigenen Nachteilen verbunden sein.

Behalten Sie deshalb bei Ihren Verhandlungen immer die zukünftige Beziehung im Blick.

Mit dem Einsatz der falschen Taktik, Drohungen oder Übervorteilungen werden Sie keine langfristigen Erfolge erzielen. Langfristig schwächen Sie damit Ihr Selbstwertgefühl und Ihre Selbstachtung.
In diesem Buch erfahren Sie, wie Sie auf faire Weise erfolgreich verhandeln, welche Verhandlungstaktiken Sie dafür einsetzen können und wie Sie optimal auf Taktiken reagieren, die gegen Sie eingesetzt werden. Konkret bedeutet das:

- Das erste Kapitel zeigt Ihnen, wie wichtig eine klare Zielvorstellung und die intensive Vorbereitung der Verhandlung sind. Sie lernen, wie Sie eine Verhandlung optimal vorbereiten. Die Stärken-und-Schwächen-Analyse ermöglicht es Ihnen, Ihre Verhandlungsposition und die Ihres Verhandlungspartners richtig einzuschätzen.

- Das zweite Kapitel zeigt Ihnen emotionale verbale und nonverbale Aspekte – insbesondere im Hinblick auf Ihren Gesprächspartner. Sie erfahren die Bedeutung des Sympathiefaktors und einer positiven Grundeinstellung, außerdem bekommen Sie Tipps zur Gesprächseröffnung.

- Das dritte Kapitel beschäftigt sich mit Fragearten und -techniken. Sie lernen, Informations- von Lenkungsfragen und offene von geschlossenen Fragen zu unterscheiden, außerdem werden verschiedene konkrete Fragetypen vorgestellt.

- Das vierte Kapitel beschäftigt sich nun konkret mit den verschiedenen Verhandlungstaktiken. Sie erfahren, wann welche Taktik am besten geeignet ist, um erfolgreich zu verhandeln.

- Nicht alle Verhandlungspartner meinen es gut mit Ihnen. Die verschiedenen Verhaltensweisen, mit denen Sie bei schwierigen und unfairen Gesprächspartnern rechnen müssen, werden Ihnen im fünften Kapitel vorgestellt. Hier erfahren Sie auch allgemeine Regeln für schwierige Gespräche.

- Dass Ihre Vorschläge / Ihre Bedingungen ohne Widerstände Ihres Verhandlungspartners akzeptiert werden, ist unwahrscheinlich. Wie Sie einen Einwand von einem Vorwand unterscheiden, Einwänden positiv begegnen und diese geschickt ausräumen, wie und wann Sie unterschiedliche Methoden für die Behandlung von Einwänden anwenden, erfahren Sie im sechsten Kapitel.

- Nun kommt es nur noch auf den erfolgreichen Abschluss Ihrer Verhandlung an. Wie Sie Abschlusssignale erkennen und wie Sie darauf am besten reagieren, zeigt Ihnen das letzte Kapitel „Abschlusssignale und -techniken“. Außerdem erfahren Sie hier, worauf Sie bei der schriftlichen Vereinbarung oder beim Vertrag achten sollten, damit Ihre Vereinbarung auch korrekt festgehalten wird.

1 Die Vorbereitung

Grundlage für erfolgreiche Verhandlungen

Gehen Sie nie unvorbereitet in eine Verhandlung, es sei denn, das Ergebnis spielt keine Rolle für Sie. Allein das Vertrauen in Ihr Verhandlungsgeschick reicht nicht aus. Sich nicht vorzubereiten kann gefährlich werden, und so manch ein Verhandlungspartner hat seine Ziele allzu schnell aus den Augen verloren. Gerade diejenigen, die glauben, bestens verhandeln zu können, und deshalb meinen, sich nicht intensiv vorbereiten zu müssen, stehen plötzlich in Verhandlungen gar nicht mehr so gut da.

> Die intensive Vorbereitung des Verhandlungsgesprächs bildet die Grundlage für Ihren Verhandlungserfolg.

Nur wenn Sie zuvor genau festlegen, welche Ziele Sie erreichen wollen und wie Sie diese erreichen können, werden Sie in Ihrer Verhandlung Erfolg haben. Diese Ziele dürfen Sie nicht aus den Augen verlieren.
Verhandlungserfolge beruhen außerdem darauf, dass Sie Ihre eigene Verhandlungsposition und die Ihres Verhandlungspartners optimal einschätzen und Ihre Vorgehensweise darauf abstimmen. Gehen Sie bei jeder Verhandlung davon aus, dass Ihr Verhandlungspartner sich optimal vorbereitet hat.

Die optimale Vorbereitung der Verhandlung

1. Legen Sie Ihre Ziele und Interessen fest.
2. Schätzen Sie die Ziele und Interessen Ihres Verhandlungspartners ein.
3. Legen Sie Ihre Verhandlungsstrategie fest.
4. Bereiten Sie Ihre Argumentation vor und überlegen Sie mögliche Taktiken.
5. Führen Sie sich kurz vor der Verhandlung Ihre Ziele noch einmal deutlich vor Augen.

Übersicht über die Vorbereitung der Verhandlung

Eigene Ziele und Interessen

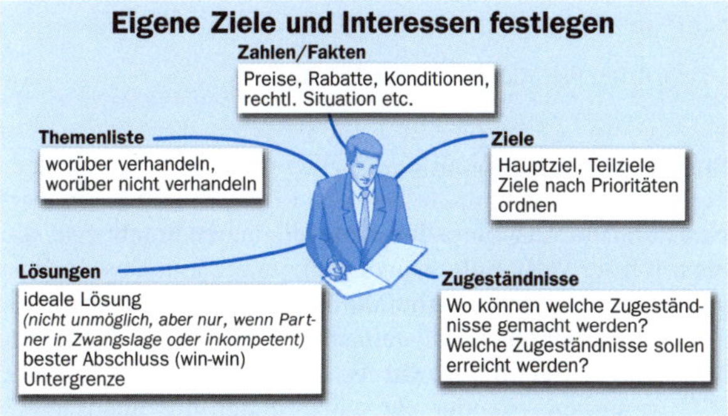

Festlegung eigener Ziele und Interessen

Ihre Themenliste

Überlegen Sie sich genau, worüber Sie verhandeln möchten und worüber nicht.

Fertigen Sie eine Liste an mit allen Themen, über die Sie verhandeln möchten. Die Themen, die Sie nicht behandeln wollen, gehören nicht auf diese Liste.

Falls Sie sie dennoch mit aufgeschrieben haben, schreiben Sie die Liste am besten neu, damit Sie die zu vermeidenden Themen nicht in der Verhandlung versehentlich doch ansprechen.

Ihre Ziele

Sind Ihnen die Ziele, die Sie mit der Verhandlung erreichen wollen, bestens vertraut? Ein klares Ziel ist wesentlich für Ihren Verhandlungserfolg.

Mit einer Verhandlung können Sie durchaus auch mehrere Ziele verfolgen. Legen Sie deshalb zunächst Ihr Hauptziel fest. Dies kann z. B. der für Sie günstigste Preis, aber auch eine langfristige Zusammenarbeit sein.

Jeder Vertrag beinhaltet viele weitere Aspekte, wie z. B. Zahlungsmodalitäten, Kündigungsfristen, Stornogebühren. Schreiben Sie deshalb auch die Teilziele auf.

Ordnen Sie alle Ziele nach Prioritäten.

Ihre möglichen Ergebnisse

Halten Sie im Anschluss daran die möglichen Ergebnisse, die Sie mit Ihrer Verhandlung erzielen können, fest. Das sind:

- Das für Sie ideale Verhandlungsergebnis: Dass Sie dieses Ziel erreichen, ist unwahrscheinlich, jedoch nicht unmöglich (wenn z. B. Ihr Verhandlungspartner in einer Zwangslage ist oder Sie seine Unkenntnis ausnutzen). Beachten Sie: Dieses Ergebnis ist höchstwahrscheinlich nicht fair, der Verhandlungspartner wird unzufrieden sein und eine gute langfristige Beziehung ist unwahrscheinlich.
- Die Win-win-Situation: Das ist ein faires Ergebnis, das sowohl Sie als auch Ihr Verhandlungspartner akzeptieren können.
- Ihre Untergrenze: Überlegen Sie, bei welchen Konditionen oder welchem Preis Ihre „Schmerzgrenze" liegt. Wo und wann wollen Sie aussteigen? Bei welchen Bedingungen ist Ihnen ein Scheitern der Verhandlung lieber als ein Abschluss? Behalten Sie dabei Ihre Alternativen im Blick.

Eigene und erwünschte Zugeständnisse

Überlegen Sie, in welchen Punkten Sie Ihrem Verhandlungspartner entgegenkommen können, d. h., in welchen Punkten und in welcher Art Sie welche Zugeständnisse machen wollen oder können. Mögliche Zugeständnisse können sich auf alle Verhandlungspunkte/Vertragsbestandteile beziehen. Rechnen Sie alle Möglichkeiten genau durch.

Wenn Sie z. B. im Preis entgegenkommen wollen, dafür aber eine größere Abnahmemenge benötigen, um Ihre Untergrenze nicht zu unterschreiten, sollten Sie alle Zahlen vorher genau ermitteln und durchrechnen.

Hierbei ist es sinnvoll, auch die Konditionen und Preise Ihrer Mitbewerber zu kennen. Informieren Sie sich über die üblichen Konditionen auf dem Markt, damit Sie keine überflüssigen Zugeständnisse machen.
Schreiben Sie darüber hinaus alle Punkte auf, in denen Sie Zugeständnisse erwarten. Legen Sie genau fest, in welcher Art und Form diese Zugeständnisse erfolgen sollen. Behalten Sie dabei die Win-win-Strategie im Hinterkopf.

Zahlen und Fakten

In Preis- oder Konditionenverhandlungen kommt es darauf an, schnell und richtig zu entscheiden.

- Bei Preisverhandlungen sollten Sie daher alle Konditionen, d. h. Preise, Rabatte, Skonti, Zahlungsfristen, Größenmengen, Deckungsbeiträge, ganz genau kennen und mögliche Alternativen vorher durchrechnen.
- Bei Vertragsverhandlungen sind exakte Informationen über die rechtliche Situation erforderlich.

Ziele und Interessen des Verhandlungspartners

Sie vermeiden Überraschungen, die Sie mehr Zugeständnisse kosten, als Sie machen wollen, wenn es Ihnen gelingt, die Interessen Ihres Verhandlungspartners gut einzuschätzen.

Je mehr Informationen Sie über Ihren Verhandlungspartner haben, umso exakter können Sie seine Stärken und Schwächen, d. h. seine Verhandlungsposition, bewerten.

Informationssammlung und Auswertung

Sammeln Sie alle Informationen, die Sie über Ihren Verhandlungspartner haben.

Checkliste Mein Verhandlungspartner

- ☐ Worauf legt mein Gesprächspartner großen Wert?
- ☐ Was für ein Typ ist er?
- ☐ Was sind seine Interessengebiete, seine Vorlieben?
- ☐ Wo liegen seine Probleme?
- ☐ In welcher Lage befindet er sich?
- ☐ Welche Lösungen wurden bislang ausprobiert?
- ☐ Welche Lösungen bevorzugt er üblicherweise?
- ☐ Wie reagiert mein Gesprächspartner auf Vorschläge?
- ☐ Mit welchen Einwänden reagiert er üblicherweise?
- ☐ Auf welche Einwände muss ich gefasst sein?
- ☐ Welche Erfahrungen habe ich (oder haben andere) bereits mit ihm gemacht?
- ☐ Was weiß er bereits über mich?
- ☐ Was vermutet er womöglich?
- ☐ Welche Gewohnheiten zeigt er auch in anderen Verhandlungen?
- ☐ Was sind die besonderen Merkmale seiner Verhandlungsweise?
- ☐ Wie laufen bei ihm üblicherweise Entscheidungen ab?
- ☐ Welche Entwicklung hat er hinter sich?

- ☐ Wie anständig, ehrlich und vertrauenswürdig ist er?
- ☐ Wie großzügig – wie fair?
- ☐ Wie zuverlässig?
- ☐ Wie diskret?
- ☐ Wie wird seine Zukunft aussehen?
- ☐ In welcher Machtposition befindet er sich im Vergleich zu mir?
- ☐ Wie ist seine Machtstellung innerhalb seiner Organisation?
- ☐ Wie sind seine Beziehungen zu seinem Vorgesetzten, seinen Kollegen und seinen Mitarbeitern?
- ☐ Welche Befugnisse besitzt er?
- ☐ Von welchen Personen ist er abhängig?
- ☐ Welche Einstellung haben diese Personen?
- ☐ Welche Verbindungen hat er zum Wettbewerb?
- ☐ Welche Verhandlungsergebnisse strebt er an?
- ☐ Was sind die Mindestergebnisse, die er erzielen muss?
- ☐ Was muss er jetzt erreichen oder verhindern, um sich für die Zukunft abzusichern?
- ☐ Was ist aus Prestigegründen für ihn wichtig?
- ☐ Was interessiert ihn besonders?
- ☐ Was weiß er bereits – was noch nicht?
- ☐ Was glaubt er – was nicht?
- ☐ Was findet er gut – was nicht?
- ☐ Was stört ihn?
- ☐ Was fürchtet er?

Listen Sie die Informationen auf und werten Sie sie anschließend aus.

Wichtige Informationen über Ihren Verhandlungspartner sind beispielsweise:

- die Marktstellung und -situation,
- die Kapazitäten und Auslastung dieser Kapazitäten,
- die finanzielle Situation,
- die Kundensituation,
- seine Konkurrenzsituation und die der Mitbewerber,
- Erfahrungen aus bisheriger Zusammenarbeit,
- bisherige Verträge,
- vorliegender Schriftverkehr, Gesprächsnotizen etc.

Hintergründige und verborgene Interessen

Ihr Verhandlungspartner mag auch bestimmte Interessen haben, die Ihnen nicht offen mitgeteilt werden. Diese hintergründigen Interessen sollen Ihnen verborgen bleiben, weil sie z. B. seine Verhandlungsposition schwächen könnten.
Versuchen Sie also, sich in die denkbaren hintergründigen und verborgenen Interessen Ihres Verhandlungspartners hineinzuversetzen und sie im Vorfeld zu hinterfragen. Mit offenen Fragen und aktivem Zuhören haben Sie den größten Erfolg.

Hintergründige oder verborgene Interessen können beispielsweise sein:

- finanzielle Schwierigkeiten,
- der Druck, möglichst schnell einen Verkauf zu tätigen oder einen Abschluss zu erzielen,
- der Wunsch, die Konkurrenz auszustechen,
- die dringende Suche nach neuen Kunden,
- das Ziel, lange Rechtsstreitigkeiten zu vermeiden,
- der Wunsch, sich durch ein optimales Verhandlungsergebnis zu profilieren.

Die Kenntnis hintergründiger Interessen Ihres Verhandlungspartners kann Ihre Verhandlungsposition entscheidend stärken.

Wenn Sie z. B. um den Kauf eines Hauses verhandeln, kann Ihnen das Wissen, dass der Verkäufer bereits ein neues Objekt erworben hat und seine Finanzierung dringend regeln muss, entscheidende Vorteile in Ihrer Verhandlung verschaffen. Wenn Sie wissen, dass Ihr Verhandlungspartner einen Rechtsstreit unbedingt vermeiden will, bringt Ihnen dies Vorteile bei einer außergerichtlichen Einigung.

Persönliche Interessen

Die menschlichen Motive, wie Sicherheit, wirtschaftlicher Erfolg, Bequemlichkeit und das Bedürfnis nach Geltung und Anerkennung, sind bei allen Menschen unterschiedlich ausgeprägt. Kenntnisse hierüber können Sie in Ihrer Verhandlung für Ihre Argumentation optimal nutzen.

Einen Verhandlungspartner mit einem ausgeprägten Geltungsbedürfnis überzeugen Sie leichter, wenn Sie ihn loben und ihm die gewünschte Anerkennung geben. Einen Verhandlungspartner, der viel Wert auf Sicherheit legt, überzeugen Sie am besten, wenn Sie ihm verdeutlichen, welche Sicherheit ihm die Zustimmung zu Ihren Konditionen bietet. So wird er wahrscheinlich Ihrem geforderten Preiszugeständnis leichter zustimmen, wenn Sie ihm verdeutlichen, dass er dadurch die Sicherheit einer langfristigen Zusammenarbeit hat.

Darüber hinaus können auch Informationen über persönliche Vorlieben und Abneigungen Ihrem Gespräch dienlich sein. Diese Kenntnisse verhelfen Ihnen zu einem guten Gesprächseinstieg und versetzen Sie in die Lage, eine angenehme Gesprächsatmosphäre zu schaffen. Solche Kenntnisse betreffen beispielsweise:

- den letzten Urlaub,
- seine Hobbys bzw. spezielle Interessen,
- eventuelle Vorlieben für Kunst, einen bestimmten Wein oder eine Sportart und
- Informationen über den Geburtstag.

Ziele des Verhandlungspartners

Genau wie Sie wird wahrscheinlich auch Ihr Verhandlungspartner seine Haupt- und Nebenziele festgelegt haben. Versetzen Sie sich in die Lage Ihres Partners: Wo werden seine Haupt- und Teilziele liegen? Schreiben Sie diese auf und ordnen Sie sie nach den vermutlichen Prioritäten. Stellen Sie dann Ihre Ziele und die wahrscheinlichen Ziele Ihres Verhandlungspartners einander gegenüber, indem Sie z. B. folgende Fragen beantworten:

- Kann Ihr Verhandlungspartner Ihrem besten Abschluss zustimmen?
- Wo liegen Übereinstimmungen?
- Welche Zugeständnisse wird er von Ihnen fordern?
- Inwieweit können und wollen Sie seinen möglichen Forderungen entgegenkommen?
- Welche Einwände wird Ihr Verhandlungspartner voraussichtlich vorbringen?
- Welche beste Alternative hat Ihr Partner, wenn Sie keine Einigung erzielen?

Schätzen Sie so die Stärken und Schwächen Ihres Verhandlungspartners ein.

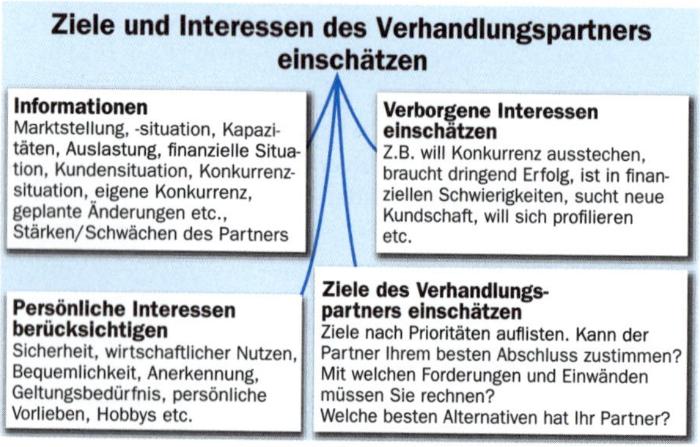

Ziele und Interessen des Verhandlungspartners

Festlegung Ihrer Verhandlungsstrategie

Fügen Sie alle Informationen über Ihren Verhandlungspartner und sich selbst in einer Stärken-und-Schwächen-Analyse zusammen. Hierzu ist es sinnvoll, sich an der SWOT-Methode (Strenghts, Weaknesses, Opportunities, Threats = Stärken, Schwächen, Chancen, Risiken) zu orientieren.

Ihre Stärken

Überlegen Sie genau, wo Ihre Stärken liegen, und schreiben Sie diese auf. Mögliche Stärken sind:

- konkurrenzfähige Preise,
- ein überlegenes Produkt,
- besondere Fähigkeiten,
- eine gute Marktstellung,
- ein positives Image,
- Zuverlässigkeit,
- eine für Sie günstige rechtliche Situation,
- gute Alternativen, falls die Verhandlung nicht in Ihrem Sinne verläuft.

Ihre Schwächen

Suchen Sie anschließend auch nach Ihren Schwächen. Nur die realistische Einschätzung Ihrer Verhandlungsposition ermöglicht ein optimales Ergebnis. Denn die Gefahr bei Nichtberücksichtigung der Schwächen besteht darin, dass Sie eine falsche Strategie und falsche Taktiken anwenden. Beachten Sie jedoch:

Lassen Sie sich von Ihren Schwächen nichts anmerken.

Achten Sie darauf, dass Sie Ihre positive Grundeinstellung, also die innere Überzeugung, dass Ihre Konditionen, Ihre Vorschläge, Ihr Preis optimal sind, und die Sicherheit im Verhandlungsgespräch durch das Bewusstmachen Ihrer Schwächen nicht verlieren.

Schwächen in Ihrer Verhandlungsposition können sein:

- höhere Preise als die Konkurrenz,
- eine schlechte Marktsituation,
- Reklamationen, die sich aus der bisherigen Zusammenarbeit ergeben haben,
- eine für Ihren Verhandlungspartner günstige rechtliche Situation,
- keine Alternativen, falls die Verhandlung nicht in Ihrem Sinne verläuft.

Ihre Chancen

Überlegen Sie, welche Bedeutung eine Einigung oder Vereinbarung für Sie haben kann:

- Welche weiteren Vorteile und welche Chancen können sich aus einem Abschluss ergeben?
- Kann es sinnvoll sein, weitere oder größere Zugeständnisse zu machen, weil sich daraus weitere Chancen entwickeln?
- Wie lukrativ wäre die Einigung mittel- oder langfristig?

Denken Sie daran: Aus einer einzigen Vereinbarung können sich viele Chancen ergeben.

> Sie verhandeln mit dem Filialleiter einer Handelskette über die Aufnahme Ihres Produktes in das Sortiment dieser Filiale. Dieser Eintritt könnte Ihnen den Weg in die gesamte Handelskette ebnen.

Weitere Chancen können z. B. auch ein enormer Imagegewinn, die Steigerung Ihres Bekanntheitsgrades oder eine langfristige Zusammenarbeit sein.

Ihre Risiken

Jede Verhandlung kann auch Gefahren beinhalten. Stellen Sie sich hierzu die Fragen:

- Was passiert, wenn keine Einigung erzielt werden kann?
- Wie zuverlässig ist Ihr Vertragspartner?

Bedenken Sie die Probleme, die sich ergeben können, wenn eine Einigung oder ein Vertrag nicht zustande kommt.

Sind beispielsweise auch weitere Verträge in Gefahr, weil die Zusammenarbeit mit einer Handelskette auf dem Spiel steht?

Schwierigkeiten können sich aber auch aus einer Einigung ergeben, z. B. wenn Sie mit einem unzuverlässigen Partner verhandeln.

Was haben Sie davon, die günstigsten Konditionen auszuhandeln, wenn Ihr Partner anschließend nicht zahlen kann?

Ihre beste und Ihre schlechteste Alternative

Bedenken Sie, welche Alternativen Sie haben, für den Fall, dass die Verhandlung nicht in Ihrem Sinne verläuft.

> Das Wissen um Alternativen stärkt Ihr Selbstvertrauen in der Verhandlung.

Zudem sorgt es dafür, dass Sie nicht einem Ergebnis zustimmen, über das Sie sich anschließend ärgern müssen. Fragen Sie sich also:

- Wie sieht Ihre beste Alternative aus, wenn der Abschluss nicht zustande kommt?
- Wie ist Ihre schlechteste Alternative?

Ihre beste Alternative wird nicht so ideal sein wie die von Ihnen gewünschte Vereinbarung. Für den Fall jedoch, dass Sie Ihre vernünftigen Ziele nicht erreichen, ist sie immer noch besser als ein Abschluss, der unter Ihrer Untergrenze liegt. Und selbst Ihre schlechteste Alternative wird immer noch besser sein als ein Abschluss, den Sie unter normalen Umständen nicht akzeptieren würden.
Die Menschen, die (meist aus Verzweiflung) Bedingungen zustimmen, die weit unter ihrer Untergrenze liegen, haben höchstwahrscheinlich nicht ihre schlechteste Alternative bedacht.

Das Wissen um Ihre schlechteste Alternative gibt ein Gefühl von Sicherheit, das für Ihr Auftreten in der Verhandlung wichtig ist.

> Stellen Sie sich vor, Sie müssen Ihr Haus dringend verkaufen, weil Sie das Geld für die Finanzierung eines neuen Hauses benötigen. Ein potenzieller Käufer bietet Ihnen einen Kaufpreis, der 30 Prozent unter Ihrer Untergrenze liegt. Als schlechte Alternative empfiehlt sich dann wahrscheinlich eher eine Zwischenfinanzierung mit überhöhtem Zinssatz.

Lassen Sie sich also nicht überrumpeln, indem Sie einem Abschluss zustimmen, den Sie nachher bereuen.

Strategie festlegen

Sie haben sich nun ein klares Bild über Ihre Verhandlungsposition gemacht.
Aus dem Bewusstsein über Ihre Ziele, Ihre Möglichkeiten, dem Verhandlungspartner entgegenzukommen, und Ihre greifbaren Optionen ergibt sich nun Ihre Strategie.

Vorbereitung Ihrer Argumentation

Sie wissen nun, wohin Sie wollen, welche Zugeständnisse Sie erreichen möchten und wo Sie Abstriche machen können, ohne Ihr eigentliches Ziel aus den Augen zu verlieren. Nun geht es darum, dass Sie darüber nachdenken, wie Sie Ihren Verhandlungspartner am besten überzeugen. Sie brauchen eine stichhaltige Argumentation, um Ihre Ziele zu erreichen.

> Um Ihren Verhandlungspartner zu überzeugen, müssen Sie Vorteile und Nutzen, die er von der Zustimmung zu Ihren Bedingungen hat, deutlich herausstellen.

Jeder Mensch strebt nach seinem Vorteil und Nutzen. Dies hat nichts mit einer Ellenbogengesellschaft und purem Mate-

rialismus zu tun, sondern liegt in der Natur des Menschen, er hat bestimmte Bedürfnisse.
Neben den Grundbedürfnissen wie essen, trinken, schlafen hat der Mensch auch soziale Bedürfnisse. Diese sind z. B. das Bedürfnis nach sozialen Kontakten, Zugehörigkeit, Anerkennung und Wertschätzung. Weitere wichtige menschliche Bedürfnisse oder Motive sind Sicherheit, Wissensdurst, wirtschaftliches Wohlergehen und Bequemlichkeit.

Aus der Sicht eines Unternehmens spielen die folgenden Bedürfnisse eine wesentliche Rolle:

- Erhöhung des Umsatzes bzw. Ertrages,
- langfristige Sicherheit auf dem Markt,
- Senkung bzw. Vermeidung von Kosten,
- Kundenzufriedenheit,
- positives Image,
- Ausbau der Marktstellung,
- Erschließung neuer Märkte,
- Flexibilität bei Änderungen,
- Verdrängung der Konkurrenz,
- Mitarbeiterzufriedenheit u. v. m.

Entscheidend ist:

> Argumentieren Sie immer aus der Sicht Ihres Verhandlungspartners.

Überlegen Sie sich, welche Bedürfnisse er hat, und sammeln sie dann Vorteils- und Nutzenargumente Ihres Unternehmens, Ihrer Produkte, Ihrer Person und Ihrer Konditionen, die diesen Bedürfnissen entgegenkommen. Überlegen Sie sich einfach: Was hat Ihr Verhandlungspartner davon, wenn er Ihren Bedingungen zustimmt?
Bei Verhandlungen im Bereich Einkauf oder Verkauf, in denen der Schwerpunkt auf Preisverhandlungen liegt, empfiehlt sich zusätzlich eine genaue Wertermittlung Ihres Angebots, etwa anhand der folgenden Fragen:

Checkliste Die Vorbereitung

- [ ] Mein Hauptziel und meine Teilziele (nach Prioritäten geordnet und unter Berücksichtigung der Stärken, Schwächen, Chancen und Risiken)?

____

____

- [ ] In welchen Punkten will ich welche Zugeständnisse machen?

____

____

- [ ] In welchen Punkten will ich welche Zugeständnisse erreichen?

____

____

- [ ] Wo ist meine Untergrenze?

____

- [ ] Welche Informationen über Zahlen und Fakten benötige ich oder muss ich vorher durchrechnen?

____

____

- [ ] Welche Informationen habe ich über meinen Verhandlungspartner (persönliche Interessen, verborgene Ziele und Interessen, vorherige Gespräche, Schriftverkehr, Unternehmensinformationen, bisherige Zusammenarbeit etc.)?

____

____

____

- ☐ Wie schätze ich die Ziele meines Verhandlungspartners ein?

  ____

  ____

- ☐ Welche Zugeständnisse wird mein Verhandlungspartner fordern?

  ____

  ____

- ☐ Wo liegen Gemeinsamkeiten, wo Unterschiede?

  ____

  ____

- ☐ Welche Vorteils- und Nutzenargumente habe ich?

  ____

  ____

- ☐ Welche Verhandlungstaktik will ich einsetzen?

  ____

- ☐ Mit welchen Einwänden muss ich rechnen und wie antworte ich darauf?

  ____

- ☐ Wo soll die Verhandlung am besten stattfinden?

  ____

  ____

- ☐ Bei Verhandlungen im Ausland: Habe ich mich optimal über die Gepflogenheiten des Landes informiert?

  ____

  ____

- Was ist das Besondere an Ihrem Produkt?
- Wie helfen Sie Ihrem Kunden, bessere Geschäfte zu machen?
- Was schätzen Ihre Kunden an Ihren Leistungen oder an Ihrem Produkt am meisten?
- Wodurch unterscheiden Sie sich von Ihrer Konkurrenz?
- Welche Leistungen sind besser, welche Leistungen sind schlechter als die der Mitbewerber?

Übung

Stellen Sie sich vor, Sie stehen kurz vor einer Gehaltsverhandlung. Suchen Sie nach guten Gründen, die eine Gehaltserhöhung rechtfertigen, und schreiben Sie diese auf. Stellen Sie den Vorteil und Nutzen, den Ihr Arbeitgeber davon hat, heraus.

Auch wenn Ihr Unternehmen, Ihr Produkt etc. sehr gut sind: Sie müssen immer davon ausgehen, dass Ihr Verhandlungspartner Einwände vorbringen wird. Dann ist es von großem Vorteil, wenn Sie sich auf wesentliche Einwände bereits eingestellt und vorbereitet haben, indem Sie gute Gegenargumente vorbringen können.

Überlegen Sie sich auch, ob es für die Erreichung Ihrer Ziele sinnvoll ist, eine bestimmte Verhandlungstaktik (vgl. Kapitel 4) einzusetzen. Bedenken Sie jedoch: Erfolg haben Sie mit Verhandlungstaktiken nur, wenn diese zu Ihrer Persönlichkeit und zur jeweiligen Situation passen.

Verhandlungen im Ausland Unterschiedliche Mentalitäten und Verhandlungsweisen

Ein Verhalten, das in dem einen Land richtig ist, kann in einem anderen Land falsch und unangebracht sein.

Um solche Unterschiede vor dem Auslandsbesuch zu kennen, sollte man sich deshalb mit der Mentalität und den Gepflogenheiten des jeweiligen Landes vertraut machen. Informationen hierüber erhalten Sie beispielsweise bei den Deutschen Außenhandelskammern (www.ahk.de) und bei den Kulturreferenten der Deutschen Botschaft im jeweiligen Land (www.auswaertiges-amt.de).

Während in Deutschland Verhandlungen meistens während der üblichen Geschäftszeiten geführt werden, sind sie z. B. in **Italien** auch während des Mittag- oder Abendessens üblich. Hier werden die Verhandlungen auch sehr viel emotionaler geführt als in Deutschland. Einladungen ins Haus des Verhandlungspartners sind durchaus möglich. Der Smalltalk vor der Verhandlung und die Frage nach Familie und Kindern gehören zum guten Ton.

In **Frankreich** trennt man dagegen Privates von Geschäftlichem. Die Frage nach Persönlichem ist sogar zu vermeiden. Höflichkeit und Taktgefühl stehen im Vordergrund. Das häufig verwendete Wort „pardon" zeugt von gutem Benehmen.

In **Spanien** wird Ihnen sehr schnell das „Du" angeboten. Dafür sind die Spanier aber im Verhandeln um Konditionen und Preise sehr hart. Ihre Vorteils- und Nutzenargumente müssen eindeutig sein. Je unpünktlicher Ihr Verhandlungspartner zum Termin erscheint, desto höher ist sein Sozialprestige.

In **Japan** gilt das Senken des Blickes als Respektbekundung. Die Mimik ist eher unbewegt, es gilt der Grundsatz „Nicht das Gesicht verlieren". Die Verhandlungen sind langfristig orientiert.

In **Thailand** wird es als Beleidigung angesehen, wenn Ihre Fußspitze während des Gesprächs auf Ihren Verhandlungspartner zeigt.

Beispiele für abweichende Gepflogenheiten

Auf den Punkt gebracht

Gehen Sie nie unvorbereitet in eine Verhandlung. Die gründliche Vorbereitung bildet die Grundlage für Ihren Verhandlungserfolg.

- Legen Sie Ihre eigenen Ziele und Interessen fest. Dazu gehören: eine Themenliste, eine Aufstellung Ihrer Ziele, mögliche Ergebnisse der Verhandlung, d. h. der Win-win-Abschluss, eine mögliche Untergrenze sowie eigene und geforderte Zugeständnisse.
- Schätzen Sie die Ziele und Interessen Ihres Verhandlungspartners ein. Dazu gehören: Informationen über Ihren Verhandlungspartner, hintergründige und verborgene Interessen, persönliche Interessen und die Ziele Ihres Verhandlungspartners.
- Legen Sie eine Verhandlungsstrategie fest, d. h., schätzen Sie Ihre Stärken, Ihre Schwächen, die Chancen und die Gefahren, die sich aus einem Abschluss ergeben, ein.
- Bereiten Sie Ihre Argumentation vor, d. h., suchen Sie nach Vorteils- und Nutzenargumenten (aus der Sicht Ihres Verhandlungspartners), und suchen Sie Argumente gegen zu erwartende Einwände.
- Erkundigen Sie sich vor einer Verhandlung im Ausland über Mentalität und Gepflogenheiten im Land Ihrer Verhandlung.

Zugeständnisse

Verhandeln bedeutet, Zugeständnisse zu machen und/oder Zugeständnisse zu fordern.

Wenn Sie Ihrem Kunden sagen:

„Über das Angebot können wir gern verhandeln",

dann signalisieren Sie ihm, dass Sie ihm in Ihren Konditionen entgegenkommen wollen und z. B. zu einem Preisnachlass bereit sind.

Wird Ihnen umgekehrt angeboten, über einen Sachverhalt (z. B. Angebot) noch zu verhandeln, können Sie davon ausgehen, dass man bereit ist, Ihnen Zugeständnisse zu machen.

Vielleicht wollen Sie an Ihrer Position aber auch festhalten, also Zugeständnisse vermeiden und zunächst erkunden, ob Zugeständnisse überhaupt erforderlich sind. In diesem Fall empfiehlt sich eine andere Formulierung:

„Über das Angebot können wir gerne diskutieren."

Damit signalisieren Sie Gesprächsbereitschaft, ohne bereits Zugeständnisse in Aussicht zu stellen. Sie können Ihren Gesprächspartner dann immer noch mit triftigen Argumenten zu überzeugen versuchen.

Was ist ein Zugeständnis?

Ein Zugeständnis machen Sie, wenn Sie Ihre eigene Position um einer Einigung willen verändern.
Zugeständnisse zu machen bedeutet jedoch nicht zwangsläufig, Nachteile in Kauf nehmen zu müssen.

Stellen Sie sich vor, Sie verhandeln über den Kauf einer Wohnung und möchten sie zum Preis x kaufen. Der Verkäufer akzeptiert diesen Preis, aber nur unter der Bedingung (mit dem Zugeständnis), dass sie bestimmte Einrichtungsgegenstände übernehmen. Wenn Sie diese gut gebrauchen können und sie Ihnen gefallen, dann ist Ihr Zugeständnis, sie abzukaufen, zugleich ein Vorteil für Sie.

In Anlehnung an C. Robinsons „In Verhandlungen gewinnen" empfiehlt es sich, die folgenden Regeln für Zugeständnisse schon bei der Planung zu berücksichtigen (vgl. Robinson 1992):

- Versuchen Sie immer mehr und größere Zugeständnisse zu erreichen als Sie selbst machen.

- Suchen Sie in erster Linie nach Zugeständnissen, die für Ihren Verhandlungspartner wichtig sind, die Sie aber nicht viel kosten oder sogar zu Ihrem Vorteil sind.

- Lassen Sie Ihre Zugeständnisse immer größer erscheinen, als sie es für Sie tatsächlich sind. Vermitteln Sie Ihrem Verhandlungspartner immer das Gefühl, dass er sehr gut verhandeln kann und einen großen Vorteil errungen hat. Er wird dann wahrscheinlich sehr viel großzügiger auf Ihre Forderungen reagieren.

- Versuchen Sie, ein Zugeständnis, das Sie machen, mit einem Zugeständnis Ihres Verhandlungspartners zu verbinden.

2 Der Gesprächspartner

Emotionale verbale und nonverbale Aspekte

Eigenarten des Menschen

Wissenschaftliche Erkenntnisse besagen, dass der Mensch nur zu rund 20 Prozent nach seinem Verstand entscheidet, das Gefühl des Menschen hingegen sei mit rund 80 Prozent ausschlaggebend für seine Entscheidungen. Neuere Erkenntnisse gehen sogar davon aus, dass der Gefühlsanteil beim Menschen noch sehr viel höher ist und Entscheidungen erst im Nachhinein durch den Verstand gerechtfertigt werden.

Ihr Verhandlungspartner und sie selbst werden also in erster Linie vom Gefühl geleitet. Das bedeutet:

> Sie werden Ihren Verhandlungspartner leichter für Ihre Argumente gewinnen, wenn Sie es schaffen, mit Ihrer Körpersprache und Rhetorik positive Gefühle hervorzurufen.

Ihr Verhandlungspartner erwartet von Ihnen Akzeptanz, Anerkennung und Orientierung. Eine bildhafte Sprache, mit der Sie die Gefühle Ihres Verhandlungspartners ansprechen und zeigen, dass Sie sich auf ihn einstellen, wird Ihnen das Verhandlungsgespräch deshalb tendenziell erleichtern.

Eine weitere Eigenart des Menschen wurde bereits erwähnt:

> Sie motivieren einen Menschen zu einer Handlung, indem Sie seinen Vorteil und Nutzen deutlich herausstellen, sodass dieser ihn als seinen Vorteil erkennt.

Nur wenn Ihr Verhandlungspartner seinen eigenen Nutzen auch erkennt, wird er Ihnen zustimmen.

Unterstützung der Überzeugungskraft durch Sprache

Die richtige Ansprache im richtigen Moment

Sie unterstützen Ihre Argumentation, wenn Sie die Vorteils- und Nutzenargumente so vortragen, dass sich Ihr Verhandlungspartner persönlich angesprochen fühlt. Deshalb der Tipp:

Sprechen Sie bei Argumentationen in der Sie-Form.

Die Sie-Form hat die Vorteile, dass sie
- die direkte Nutzendarstellung fördert,
- eine individuelle auf den Partner bezogene Ansprache ist,
- kurz und einprägsam ist.

Die Man-Form sollten Sie dagegen vermeiden. Sie klingt so, als ob Sie sich von einer Aussage eher distanzieren wollen, und ist sehr unverbindlich.

Wenn Sie z. B. sagen: „Man sagt, schriftliche Vereinbarungen sind auf jeden Fall zu empfehlen", erweckt dies leicht den Eindruck, als seien Sie selbst gar nicht davon überzeugt. Und die Aussage „Man sollte auch eine Kündigungsfrist für die Zusammenarbeit berücksichtigen ..." wird ihr Verhandlungspartner gern überhören, wenn er anderer Meinung ist.

Die Man-Form ist also immer dann richtig, wenn Sie absichtlich „schwammig" reden möchten.

Politiker benutzen diese Form gern. Dem Satz „In Regierungskreisen ist man der Meinung, man sollte die Gesetze verschärfen" ist z. B. nicht zu entnehmen, ob der Sprecher dieser Meinung ist oder nicht.

Die Ich-Form kann in Argumentationen zu egozentrisch wirken und dazu führen, dass Sie es vernachlässigen, den Vorteil für Ihren Verhandlungspartner deutlich herauszustellen. Sie mindern also Ihre Überzeugungskraft. Hingegen gilt:

Wenn Probleme oder Konflikte vorhanden sind, ist die Ich-Form am besten geeignet.

Wenn z. B. während der Verhandlung Ihr Verhandlungspartner Grund hatte, sich zu ärgern, dann ist es sinnvoll, mit Ich-Botschaften zu antworten.

„Es tut mir leid, da habe ich mich vielleicht nicht ganz eindeutig ausgedrückt."

Ich-Botschaften sind auch dann optimal, wenn Sie die eigene Verstimmung oder Verärgerung zum Ausdruck bringen wollen.

„Ich bin enttäuscht, dass Sie so wenig auf meinen Vorschlag eingehen wollen."

Ich-Aussagen sind auch in Diskussionen gut geeignet, um eine Lösung zu finden und um zu verdeutlichen, dass Sie auch für andere Meinungen offen sind.

Mit der Aussage „Ich bin der Meinung, dass ..." bringen Sie zum Ausdruck, dass es sich um Ihre Meinung handelt und Sie weiteren Meinungen offen gegenüberstehen.

Die Wir-Form ist angebracht, wenn ein echtes Vertrauensverhältnis hergestellt ist. Sie eignet sich besonders, um Gemeinsamkeiten zu betonen.

„Fassen wir die Ergebnisse wie folgt zusammen ..."

In der Argumentation ist sie allerdings oft unangebracht. Sie kann sogar zu Aggressionen führen, z. B. wenn Ihr Verhandlungspartner sich vereinnahmt fühlt.

Positivformulierung

Es hat sich in unseren Sprachgebrauch eingeschlichen, positiv gemeinte Äußerungen negativ auszudrücken.

- „Sie werden es bestimmt nicht bereuen, dem Vertrag zuzustimmen."
- „Mit der Zustimmung zu unserem Vorschlag machen Sie ganz bestimmt nichts Falsches."

Eigentlich meinen Sie mit solchen Aussagen doch etwas Positives. Bei dieser Formulierung hört und behält Ihr Verhandlungspartner jedoch: „bereuen“ und „falsch“. Viel besser hört es sich an, wenn Sie sagen:

- „Sie werden sich noch oft darüber freuen, dem Vertrag zugestimmt zu haben.“
- „Mit der Zustimmung machen Sie genau das Richtige.“

Gleiches gilt für negative Denkvorgaben, mit denen Sie sich bzw. Ihren Verhandlungspartner abwerten.

- „Ich will Sie mit meinen Erklärungen nicht lange aufhalten.“
- „Ich will Sie mit meinen Konditionen nicht übervorteilen.“
- „Eigentlich sollte mein Kollege heute mit Ihnen verhandeln ...“

Ihr Verhandlungspartner hört „aufhalten“ und „übervorteilen“. Bei der letzten Formulierung werten Sie sich selbst ab. Ihr Verhandlungspartner wird sich fragen, ob Sie überhaupt kompetent sind und Entscheidungen treffen können.

Überprüfen Sie anhand der Beispiele und in Ihren alltäglichen Gesprächssituationen einmal Ihre Sprache. Und dann:

Drücken Sie sich positiv aus!

Vermeidung von Reizwörtern und Weichmachern

Es gibt Wörter, die Sie grundsätzlich in Ihrer Argumentation vermeiden sollten. Das sind Wörter wie:

- eigentlich,
- normalerweise,
- im Grunde genommen,
- vielleicht,
- eventuell.

Mit Aussagen, die diese Wörter enthalten, wirken Sie unsicher und vermitteln den Eindruck, selbst nicht ganz überzeugt zu sein:

- „Eigentlich sind unsere Kunden mit den Konditionen immer zufrieden."
- „Im Grunde genommen ist dieser Vorschlag doch sehr gewinnbringend für Sie ..."

Der richtige Einsatz von Konjunktiv und Konditional

Im Konjunktiv oder Konditional zu sprechen, ist in Konfliktsituationen, in schwierigen Verhandlungen oder wenn eine Verhandlung ins Stocken gerät, ratsam. Sie drücken sich damit vorsichtig aus und können damit eine Option in den Raum stellen, ohne sich oder Ihren Verhandlungspartner festzulegen. Reagiert Ihr Verhandlungspartner verärgert, haben Sie es einfacher, einen Rückzieher zu machen, Ihr Vorschlag war ja nur eine Möglichkeit.
Der Satz „Was würden Sie davon halten, wenn ...?" drückt Vorsicht und Defensive aus. Wenn Sie die Reaktion auf einen Vorschlag vorsichtig antesten möchten, ist diese Ausdrucksweise sinnvoll.

Grundsätzlich wirkt man mit Konditional oder Konjunktiv jedoch unsicher und wenig überzeugend, und es besteht dadurch auch die Möglichkeit, den Verhandlungspartner zu verunsichern.

Wenn Sie uns in Punkt 3 noch um 10 Prozent entgegenkommen würden, könnten wir den Vertrag heute unterschreiben.
Sie hätten dann die Sicherheit, einen langfristigen Partner gefunden zu haben.
Wann wäre der beste Zeitpunkt für Sie ...?

Viel überzeugender sind stattdessen die eindeutigen Sätze:

Wenn Sie uns in Punkt 3 noch um 10 Prozent entgegenkommen, unterschreiben wir den Vertrag noch heute.
Das bietet Ihnen den Vorteil einer langfristigen und erfolgreichen Zusammenarbeit.

Positive Grundeinstellung

Während sprachliche Äußerungen durchaus anhand einiger Tricks beeinflusst werden können, kann der Mensch seine Körpersprache nur schwer verstellen.

Auch die besten Schauspieler wirken nur dann überzeugend, wenn Sie sich zuvor mit Ihrer Rolle intensiv beschäftigt haben und „eins werden mit der Rolle".

Durch die Körpersprache drücken Sie Ihre innere Einstellung aus. Aus diesem Grund ist es wichtig, dass diese innere Einstellung positiv ist. Vergewissern Sie sich deshalb vor jeder Verhandlung, dass

- Sie Ihrem Verhandlungspartner mit Wertschätzung entgegentreten,
- Sie eine optimale Verhandlungsposition haben,
- Ihre Vorschläge und Ihre Konditionen auch einen Gewinn für Ihren Verhandlungspartner bedeuten,
- Ihr Angebot für Ihren Verhandlungspartner das Beste ist,
- Sie für den Fall, dass keine Einigung erzielt wird, Alternativen zur Auswahl haben.

Sollten Sie diese Positiv-Einstellung vor einer Verhandlung noch nicht haben, so müssen Sie daran arbeiten, denn die Einstellung bestimmt den ersten Eindruck und hierfür gilt:

> Der erste Eindruck kann den gesamten Verhandlungsverlauf entscheiden.

Der Sympathiefaktor

Der Mensch reagiert in erster Linie gefühlsbestimmt, sachliche Faktoren haben oft untergeordnete Bedeutung. Es kommt deshalb nicht selten vor, dass sich jemand trotz objektiv schlechterer Konditionen gegen die Konkurrenz durchsetzen kann, einfach nur „weil die Chemie zwischen den Verhandlungspartnern stimmt".

Die Körpersprache

Beziehungsinhalte werden in erster Linie durch Körpersprache übermittelt.
Körperhaltungen können eine Aussage unterstreichen oder in Frage stellen.

Vor der Brust verschränkte Arme beispielsweise signalisieren eher Verschlossenheit und passen nicht gut zu der Aussage: „Ich bin für alle Vorschläge offen."

> Ein Mensch ist nur dann überzeugend, wenn seine Worte mit seiner Körpersprache übereinstimmen.

Achten Sie bei Verhandlungen unbedingt auf die Körpersprache Ihres Gegenübers, um frühzeitig wichtige Signale zu erkennen:

- Ist die Körpersprache offen und freundlich?
- Stimmt sie mit dem Gesagten überein?
- Wird mit der Körpersprache Zustimmung oder Ablehnung ausgedrückt?
- Wirkt Ihr Gesprächspartner durch seine Körpersprache dominant oder ängstlich?
- Versucht er etwas zu verbergen?

Die folgende Aufzählung gibt Anhaltspunkte zum Verstehen körpersprachlicher Signale.
Bedenken Sie jedoch: Es handelt sich hier um Interpretationen, die immer im Zusammenhang mit der jeweiligen Situation gesehen werden müssen.

> Es kommt also immer auf den Einzelfall an.

Kopf

- Ein aufrecht gehaltener Kopf signalisiert Konzentration.
- Ein zurückgelegter Kopf kann Arroganz bedeuten.
- Ein seitlich zugeneigter Kopf zeigt Aufnahmebereitschaft und aktives Zuhören.
- Ein nach vorn hängender Kopf signalisiert Niedergeschlagenheit oder Müdigkeit.

Hände

- Offene Handflächen signalisieren Vertrauen und Sicherheit.
- Nach oben gerichtete Handrücken können Unsicherheit und Ablehnung ausdrücken.
- Die geschlossene Faust kann für Stärke, Entschlossenheit, Dominanz oder auch Aggressivität stehen.
- Die entgegengehaltene offene Handfläche kann Zurückweisung oder Beschwichtigung bedeuten.

Schulterpartie und Arme

- Entspannte Schultern zeigen Selbstbewusstsein und Sicherheit.
- Achselzucken signalisiert Unsicherheit oder Zweifel.
- Ständig nach oben gezogene Schultern können von Angst zeugen.
- Vor dem Oberkörper verschränkte Arme können Desinteresse, Ablehnung oder Schutz bedeuten.

Blickkontakt

Der Blickkontakt sichert gegenseitiges Verständnis und zeigt Interesse. Ausweichen kann Unsicherheit oder den Wunsch, etwas zu verbergen, signalisieren.

Dieser Sympathiefaktor spielt eine erhebliche Rolle bei Verhandlungen. Sie können ihn (in Maßen) beeinflussen, denn:

> Der Sympathiefaktor kommt hauptsächlich dadurch zustande, dass der Gesprächspartner Gemeinsamkeiten mit Ihnen entdeckt.

Ein wichtiger Aspekt kann auch die Kleidung sein. Wenn Ihre Auffassung von angemessener Kleidung stark von der Ihres Verhandlungspartners abweicht, Sie das aber nicht bei Ihrer Kleiderwahl berücksichtigen, werden Sie es schwer haben, den Partner für Ihre Argumente zu öffnen.

Stellen Sie sich vor, Sie verhandeln mit einem konservativen Menschen, der sehr viel Wert auf ein gepflegtes, dezentes Äußeres legt, und Sie erscheinen zur Verhandlung in Jeans.

Ein weiterer Aspekt ist die Sprache. Diese können Sie ebenfalls nutzen, um Gemeinsamkeiten herauszustellen. Sie werden sehr viel mehr Sympathie erwecken, wenn Sie sich in Ihrem Sprachgebrauch und in Ihrem Niveau auf Ihren Verhandlungspartner einstellen, als wenn Sie Unterschiede einfach ignorieren.

Die Anpassung hat jedoch Grenzen. Sowohl bei Ihrer Kleiderwahl als auch bei Ihrem Sprachgebrauch müssen Sie folgenden Rat beachten:

> Bleiben Sie immer authentisch.

Auch gemeinsame Interessen können spontane Sympathie begründen. Achten Sie deshalb während des Verhandlungsgesprächs auf alle Dinge, die nichts mit der eigentlichen Verhandlung zu tun haben, wie z. B. Hobbys und die Einrichtung. Signalisieren Sie Interesse und hören Sie aufmerksam zu, wenn das Gespräch darauf kommt.

Das aufrichtige Interesse z. B. an einer Sammlung oder an einem Bild, das Sie an der Wand entdecken, kann eine angenehme Atmosphäre für das Verhandlungsgespräch schaffen.

Ein weiterer Auslöser für Sympathie oder Antipathie ist der Umgang mit Vorurteilen. Jeder Mensch hat Vorurteile. Die Ihres Verhandlungspartners können sehr von Ihren eigenen abweichen.

Es ist jedoch nicht sinnvoll zu versuchen, Ihren Verhandlungspartner von seinen Vorurteilen abzubringen bzw. seinen Vorurteilen zu widersprechen.
Jeder Mensch strebt nach Anerkennung und Wertschätzung. Wenn Sie ein gutes Ergebnis erreichen wollen, dann sollten Sie die Einstellungen Ihres Verhandlungspartners akzeptieren und nicht dagegen anreden. Denn die Gefahr ist groß, dass Sie durch geringschätzige Bemerkungen das Selbstwertgefühl Ihres Gesprächspartners verletzen. Und dann werden Sie schnell Ablehnung hervorrufen.

Die Gesprächseröffnung

Wie bereits erwähnt, ist der erste Eindruck mit entscheidend für den weiteren Verhandlungsverlauf.

> Es ist nur schwer möglich, einen ersten schlechten Eindruck im Laufe der Verhandlung wieder auszugleichen.

Deshalb hier einige Empfehlungen für einen guten Gesprächseinstieg:

- Begrüßen Sie Ihren Verhandlungspartner freundlich. Hier spielt Ihre Körpersprache eine entscheidende Rolle: Zeigen Sie mit einem freundlichen Gesicht, offenem Blickkontakt und einer offenen Gestik, dass Sie sich über und auf das Gespräch freuen.
- Sprechen Sie Ihren Gesprächspartner mit Namen an.
- Betonen Sie Gemeinsamkeiten.
- Erwähnen Sie Vorteil und Nutzen, den Ihr Gesprächspartner von dem Gespräch mit Ihnen haben kann.
- Strahlen Sie Zuversicht aus.

- Achten Sie sowohl zu Beginn als auch während des Gesprächs immer auf die Stimmung Ihres Verhandlungspartners. Beobachten Sie auch seine Körpersprache:
  - Wirkt Ihr Verhandlungspartner freundlich und offen?
  - Kann die derzeitige Stimmung genutzt werden?
  - Hat es eine Änderung in seiner Einstellung zu der Verhandlung gegeben und kann sie genutzt werden?
  - Versucht Ihr Verhandlungspartner, Sie auf einen ganz bestimmten Weg zu führen?
- Hören Sie aktiv zu, wenn Ihr Verhandlungspartner redet, und überprüfen Sie Ihre Einschätzungen hinsichtlich der Ziele und Bedürfnisse des Partners:
  - Wo liegen seine Ziele und seine verborgenen Interessen?
  - Wie ist seine Persönlichkeit? Worauf legt er großen Wert?
  - Wie groß ist das Interesse Ihres Verhandlungspartners an einer Einigung?
  - Wie zufrieden war er mit einer bisherigen Kooperation?
  - Was sagt er über seine eigene Konkurrenz und über Ihre Konkurrenz?
  - Wo genau liegt sein Bedarf?

In Verhandlungen ist es wichtiger, Fragen zu stellen und gut zuzuhören, als selbst zu reden.

Die Regel lautet: Rund zwei Drittel des Gesprächs redet Ihr Verhandlungspartner und nur ein Drittel bestreiten Sie. Alle so gewonnenen Informationen können für das aktuelle Gespräch, aber auch für alle später folgenden Verhandlungen nützlich sein.

Auf den Punkt gebracht

- Der Mensch ist ein Gefühlswesen, und er erwartet Wertschätzung und Anerkennung. Er will seinen Nutzen erkennen, bevor er zu einer Handlung bereit ist. Stellen Sie sich in Ihrer Sprache auf diese beiden Erkenntnisse ein. Mit einer bildhaften Sprache, mit der Sie die Gefühle Ihres Verhandlungspartners ansprechen, und einer Vorteil-Nutzen-Argumentation aus der Sicht Ihres Gesprächspartners kommen Sie leichter ans Ziel.
- Sprechen Sie in der Sie-Form, wenn Sie argumentieren. Die Sie-Form fördert die direkte Nutzendarstellung und ist eine individuelle, auf den Partner bezogene Ansprache. Ich-Botschaften sind geeignet, wenn es während der Verhandlungen zu Konflikten und Verstimmungen kommt. Die Wir-Form eignet sich zum Betonen von Gemeinsamkeiten.
- Drücken Sie sich positiv aus und vermeiden Sie negative Denkvorgaben. Verbannen Sie generell negative Reizwörter aus Ihrem Sprachschatz.
- Überprüfen Sie Ihre Einstellung. Da sie Ihre Körpersprache bestimmt, ist es wichtig, dass die innere Einstellung zum Gespräch und zum Gesprächspartner positiv ist.
- Berücksichtigen Sie, dass der Sympathiefaktor eine entscheidende Bedeutung für Verhandlungen hat.
- Beobachten Sie Ihren Gesprächspartner, und nehmen Sie die körpersprachlichen Signale wahr, sie vermitteln Ihnen die Beziehungsinhalte.
- Der erste Eindruck ist entscheidend, gestalten Sie deshalb die Gesprächseröffnung positiv.

Formulierungen des Alltags

Aussagen mit Angriff auf der Beziehungsebene	Mögliche Interpretation des Gesprächspartners
„Falsch!“	Ich werde als blöd dargestellt.
„Damit ich mich nicht wiederholen muss …“	Sind wir hier in der Schule?
„Das habe ich nicht gemeint.“	Darauf wäre ich ja nie gekommen.
„Sie müssen Folgendes beachten …“	Ich muss gar nichts!
„Sie sind auf dem Holzweg!“	Sie auch!
„Das ist unmöglich.“	Na, dann wollen wir mal …
„Da haben Sie mich falsch verstanden.“	Bin ich ein Trottel?
„Da muss ich Sie korrigieren.“	Ach ja? Was habe ich denn falsch gemacht?
„Das ist doch logisch.“	Heißt das, dass ich unlogisch argumentiere?
„Ungeachtet dieser Tatsache …“	So ein Umstandskrämer.
„Das ist mir egal.“	Mir auch.
„In der Theorie haben Sie Recht …“	Das sagt der mir als Praktiker?
„Das entspricht nicht den Tatsachen.“	Ich lüge?
„Ganz einfach.“	Meine Güte, bin ich dumm.
„Schon, aber …“	Jetzt soll ich für doof verkauft werden.

Formulierungsvorschlag

„Ich sehe das anders.“

Ersatzlos streichen

„Ich meine …“

„Bitte beachten Sie …“

Ersatzlos streichen

„Ich sehe noch einen anderen Weg.“

„Da habe ich mich falsch ausgedrückt.“

„Aus meiner Sicht …“

„Ich sehe das folgendermaßen …“

Ersatzlos streichen

„Bitte entscheiden Sie.“

„Ich verstehe noch nicht, wie …“

„Das höre ich zum ersten Mal.“

„Mein Lösungsvorschlag ist …“

„Stimmt, und außerdem …

3 Fragearten und Fragetechniken

Wer fragt, der führt

Informations- und Lenkungsfragen

Nach der Absicht lassen sich grundsätzlich Informations- und Lenkungsfragen unterscheiden:

- Informationsfragen eignen sich in Ihrem Verhandlungsgespräch dazu, alle wichtigen Informationen in Erfahrung zu bringen und die Einstellung des Gesprächspartners zu erkunden.
- Mit dem Einsatz von Lenkungsfragen können Sie das Gespräch in eine gewünschte Richtung lenken, Einwände behandeln und den Gesprächspartner zum Abschluss führen.

Achten Sie bei Ihren Fragen immer auf Ausgewogenheit.

Wenn Sie zu viele Fragen stellen, kann es passieren, dass sich Ihr Verhandlungspartner ausgehorcht fühlt. Insbesondere bei zu vielen aufeinanderfolgenden geschlossenen Fragen wird Ihr Verhandlungspartner irritiert sein und vielleicht unwirsch reagieren. Bauen Sie Ihre Fragen stattdessen geschickt in das Verhandlungsgespräch ein. Sie erfahren in der Regel viel mehr, wenn Sie zunächst etwas von sich erzählen und daran eine Frage anschließen.

Hören Sie bei den Antworten aktiv zu.

Aktives Zuhören bedeutet, dass Sie sich darauf konzentrieren, was Ihr Verhandlungspartner sagt. Versuchen Sie, seine Stimmungen und Gefühle zu erfassen, um auch hintergründige Informationen aufzunehmen. Wiederholen Sie das Gesagte mit eigenen Worten, um das Verständnis abzusichern.

Offene und geschlossene Fragen

Nach der Frageform lassen sich offene und geschlossene Fragen unterscheiden.

Offene Fragen

Offene Fragen beginnen mit den typischen Fragewörtern „wie“, „was“, „wieso“, „weshalb“, „warum“ u. Ä. Sie können nicht mit Ja oder Nein beantwortet werden.

- „Wie sieht Ihre Planung aus?“
- „Wie beurteilen Sie die bisherige Zusammenarbeit?“
- „Was halten Sie von diesem Vorschlag?“
- „Welche Vorstellungen haben Sie ...?“

Offene Fragen bieten Ihnen die folgenden Vorteile:

- Sie regen zum Nachdenken an.
- Aus ihnen ergeben sich oft zusätzliche Informationen und neue Gedanken.
- Sie fördern den partnerschaftlichen Dialog.
- Sie eignen sich dazu, ein Gespräch zu eröffnen und/oder in Gang zu halten.
- Sie lassen Freiräume in der Formulierung der Antwort.
- Sie werden als geringere Beeinflussung aufgefasst.
- Sie eignen sich optimal für die Bedarfsanalyse.
- Mit einer offenen Frage vermeiden Sie ein klares Nein.

Das Ziel offener Fragen ist eine ausführliche Antwort des Gesprächspartners. Dieser soll frei und ohne Einschränkung berichten können.

Vermeiden sollten Sie jedoch die offene Frage nach dem Warum. Sie verlangt in der Regel eine Rechtfertigung und wird deshalb oft als unangenehm oder ärgerlich empfunden; es besteht also die Gefahr, dass Sie damit Widerstand und Aggressionen wecken.
Um Hintergründe zu klären, sollte man anstelle des direkten „Warum“ besser indirekt nachfragen:

- „Was veranlasst Sie zu dieser Einstellung?"
- „Wodurch sind Sie zu dieser Haltung gekommen?"

Geschlossene Fragen

Geschlossene Fragen lassen sich ausschließlich mit Ja oder Nein beantworten. Insbesondere bei sehr weitschweifigen Gesprächspartnern sind geschlossene Fragen von Vorteil, sie zwingen zu Knappheit und Kürze. Die Informationsmenge ist bei diesen Fragen deshalb eher gering.

Geschlossene Fragen sind sinnvoll, um Gesprächsergebnisse festzuhalten oder Gesprächspartner zu einer eindeutigen Stellungnahme zu bringen.

Es besteht jedoch die Gefahr, dass Ihr Gesprächspartner sich in die Ecke gedrängt fühlt oder dass er versucht auszuweichen.

Politiker beispielsweise antworten in Interviews auf eine geschlossene Frage oft wie auf eine offene Frage, um ein klares Ja oder Nein zu vermeiden.

Als erfahrener Verhandlungspartner sollten Sie dieses Verhalten wahrnehmen und gegebenenfalls weiter nachfragen. Der Einsatz von geschlossenen Fragen ist sinnvoll, wenn Sie
- eine eindeutige Entscheidung hören wollen,
- ihn auf den Punkt bringen möchten,
- ein präzises Ja oder Nein benötigen.

Verschiedene Fragetypen

Die bedarfsbezogene Frage

Zur Bedarfsermittlung sollten Sie viele Informationen sammeln; Sie sollten Hintergründe, Wünsche und Vorstellungen in Erfahrung bringen. Dafür empfehlen sich offene Fragen.

Die Einstellungsfrage

Die Einstellungsfrage ist eine offene Frage, mit der Sie das Ziel verfolgen, etwas über die Einstellung Ihres Verhandlungspartners zu erfahren. Mit dieser Frageart können Sie seine generelle Einstellung z. B. zur Politik, zur Wirtschaftslage, aber auch zum verhandelten Thema in Erfahrung bringen.

Wenn Sie die Einstellung Ihres Verhandlungspartners auch zu allgemeinen Themen kennen, können Sie sich das für Ihre Argumentation zunutze machen: Sie können die Themen, bei denen Sie gleicher Meinung sind, betonen, um Gemeinsamkeiten herzustellen. Sie schaffen damit ein angenehmes Gesprächsklima und Sympathie.

Zudem können Sie es so vermeiden, den Unmut Ihres Gegenübers hervorzurufen, indem Sie z. B. bei nebensächlichen Themen nicht versehentlich gegen die Einstellung Ihres Verhandlungspartners reden; sonst werden Sie ihm schnell unsympathisch.

Die Verständnisfrage

> Wenn Sie in einem Verhandlungsgespräch etwas nicht verstanden haben oder sich nicht ganz sicher sind: Fragen Sie nach.

Es kommt für Sie darauf an, ein akzeptables Ergebnis zu erzielen, und es kann teuer werden, wenn Sie aus Unwissenheit einer Bedingung zugestimmt haben, die Sie anschließend bereuen.

Lassen Sie sich Fachausdrücke, die Ihr Verhandlungspartner verwendet und die Ihnen fremd sind, erklären, ebenso bestimmte Vertragsbedingungen, die nicht klar sind.

Viele Menschen befürchten, dumm zu wirken, wenn Sie nachfragen oder zugeben, etwas nicht verstanden zu haben. Bedenken Sie aber: Es kann sich durchaus um eine Taktik

handeln, mit der Sie verunsichert werden sollen. Nicht jeder Verhandlungspartner ist fair. Der eine oder andere wird sich absichtlich unklar ausdrücken, Fachausdrücke verwenden oder gar bestimmte Punkte völlig übergehen, um dadurch einen Vorteil zu erlangen.
Verständnisfragen können offen und geschlossen formuliert werden.

- „Was verbirgt sich hinter dem Wort ...?"
- „Verstehe ich Sie richtig, dass ...?"

Die Spiegelungs- oder Rückkopplungsfrage

Spiegelungs- oder Rückkopplungsfragen geben die Inhalte des zuvor Gesagten wieder.

- „Sie stellen sich also vor, dass die Einigung noch heute erzielt werden soll?"
- „Sehe ich das richtig, dass Ihr Geschäftspartner dem Vertrag noch zustimmen muss?"
- „Wenn ich Sie richtig verstanden habe, möchten Sie Ihre Kapazitäten erhöhen?"

Diese Fragen eignen sich einerseits dafür, Verständnis zu signalisieren und zu sichern, andererseits insbesondere, um Entscheidungen vorzubereiten. Weitere Vorteile dieser Frageart:

- Sie signalisieren, dass Sie aufmerksam zugehört haben.
- Sie verhindern Mehrdeutigkeiten und „Aneinandervorbeireden".
- Sie finden einen angenehmen Übergang zu Ihrer Argumentation.

Die Suggestivfrage

Die Suggestivfrage ist vorsichtig zu behandeln, da sie sehr leicht als Manipulation empfunden wird und oft auch so gemeint ist. Seien Sie deshalb auf der Hut, wenn Sie bemerken, dass man Sie mit einer Suggestivfrage in eine bestimmte Ecke

drängen oder Ihnen eine bestimmte Meinung unterstellen möchte.
Die Suggestivfrage erkennen Sie daran, dass die Antwort bereits in der Frage enthalten ist und sie nur noch mit einem Ja oder einem Nicken bestätigt werden soll.
Die reflektierte eigene Meinung ist hier selten gefragt, stattdessen wird immer etwas unterstellt.
Manipulativ eingesetzt, verbirgt sich hinter dieser Frageart der Versuch, den Gesprächspartner zur Zustimmung zu bringen, weil er nicht den Mut hat, zu widersprechen.

- „Als erfahrener Geschäftsmann sind Sie doch sicher auch der Meinung, dass Entscheidungen nicht lange hinausgezögert werden dürfen?"
- „Sie stimmen mir doch sicher zu, dass eine mündliche Vereinbarung ausreicht?"

Verhalten Sie sich zurückhaltend mit der Anwendung von Suggestivfragen, denn manipulativ eingesetzte Suggestivfragen vergiften immer das Gesprächsklima. Und Sie riskieren so heftigen Widerspruch, der eine erfolgreiche Verhandlung unwahrscheinlicher macht.

Suggestivfragen sind nur dann zu empfehlen, wenn Sie in ehrlicher Absicht etwas festhalten möchten, was tatsächlich genau so besprochen oder vereinbart wurde.

„Wir waren uns doch bei unserem letzten Gespräch einig, dass wir heute noch die Details xy klären?"

Die Rangierfrage

Wenn der Faden verloren gegangen ist, vom Thema abgeschweift wird oder die Konzentration nachlässt, helfen Ihnen Rangierfragen dabei, das Verhandlungsgespräch auf das Verhandlungsthema und auf das Wesentliche zurückzuführen.
Diese Frageform wirkt sehr diplomatisch, mit ihr können Sie Widerstände beim Gesprächspartner umgehen.

- „In welchen Punkten sind wir uns einig?"
- „Das ist ein interessanter Hinweis, aber wollen wir nicht zunächst den Punkt xy besprechen?"

Die Motivationsfrage

Bei Motivationsfragen wird der Gesprächspartner positiv herausgestellt, mit der Frage wird Anerkennung ausgedrückt.

> Ziel der Motivationsfrage ist es, eine angenehme Gesprächsatmosphäre zu schaffen und den Gesprächspartner in eine wohlwollende Grundhaltung zu bringen.

Der Gesprächspartner wird sich Ihnen gegenüber öffnen und motiviert sein, kompetent und positiv zu antworten.

- „Was halten Sie als Spezialist von unseren Vorschlägen?"
- „Ich sehe, Sie haben in diesem Bereich viel Erfahrung, was sagen Sie zu unserem Angebot?"

Achten Sie vor allem bei dieser Frage - wie im Prinzip bei den anderen Fragen auch - darauf, eine Gesprächspause einzulegen, damit Ihr Verhandlungspartner antworten kann.

Die dirigierende Frage

Mit der dirigierenden Frage wiederholen Sie Aussagen Ihres Gegenübers, bei denen die Reaktion positiv war bzw. bei denen Sie Übereinstimmungen festgestellt haben.
Ziel ist es einerseits, dem Kunden die Übereinstimmung ins Gedächtnis zu rufen, um ihn positiv zu beeinflussen, andererseits weitere Informationen über ein Thema zu erhalten.
Die dirigierende Frage ist auch geeignet, Ihren Verhandlungspartner von Themen wegzuleiten, bei denen Einwände zu erwarten sind.

- „Sie erwähnten vorher, dass Sie an einer langfristigen Beziehung interessiert sind?"
- „Der Wunsch Ihres Hauses ist also in erster Linie eine flexibel gestaltete Vertragslaufzeit?"

Die Alternativfrage

Mit der Alternativfrage erhält der Gesprächspartner mehrere Alternativen zur Auswahl. Dass eine Einigung überhaupt zustande kommt, wird hierbei unterstellt.
Ziel ist es, dem Verhandlungspartner den Eindruck zu vermitteln, dass dieser frei wählen kann. Sinnvoll sind zwei, maximal drei Alternativen.

Stellen Sie die Alternativfrage so, dass Ihre bevorzugte Entscheidung an zweiter Stelle genannt wird.

Aus psychologischen Gründen entschließt sich die Mehrheit der Verhandlungspartner nämlich für die zweite Möglichkeit, da sie eher den Eindruck vermittelt, eine eigene freie Entscheidung getroffen zu haben.

Mit der Alternativfrage können Sie den Verhandlungspartner zum Abschluss oder zu einer Teileinigung leiten.

- „Möchten Sie lieber einen befristeten Vertrag mit einer Laufzeit von ... oder einen unbefristeten Vertrag mit einer Kündigungsfrist?"
- „Sollen wir bestimmte Leistungen herausnehmen oder möchten Sie das komplette Leistungsangebot zum Preis von ... ?"
- „Sollen wir die Verhandlung noch diese Woche oder besser in der nächsten Woche fortsetzen?"

Nicht sinnvoll ist es, im Verhandlungsgespräch zwei völlig konträre Möglichkeiten anzubieten, wie z. B.: *Möchten Sie die Zusammenarbeit lieber beenden oder akzeptieren Sie die vorgegebenen Konditionen?* Eine solche Aussage kommt einer Drohung nahe und vergiftet das weitere Verhandlungsgespräch.

Die Gegenfrage

„Beantworten“ Sie eine Frage mit einer Gegenfrage, so kann es leicht passieren, dass der Gesprächspartner dies als unhöflich oder provozierend empfindet. Je nach Situation können Sie den Eindruck erwecken, dass Sie Ihrem Gesprächspartner nicht antworten wollen und ihm mit der Gegenfrage ausweichen oder ihm nicht antworten können, weil sie die Antwort nicht wissen oder unsicher sind. Beides würde Ihre Verhandlungsposition schwächen, deshalb ist bei Gegenfragen Vorsicht geboten. Empfehlenswert ist die Gegenfrage jedoch in den folgenden Fällen:

- Wenn Sie zunächst die Einstellung Ihres Verhandlungspartners erkunden möchten, ist die Gegenfrage sehr sinnvoll. Beispielsweise vor Zugeständnissen ist es von Vorteil, zunächst einmal die Vorstellung Ihres Verhandlungspartners zu ermitteln, bevor Sie ein vielleicht größeres Zugeständnis machen als eigentlich erforderlich.

> Frage: „Wie viel können Sie uns hier im Preis noch entgegenkommen?“
> Gegenfrage: „Welche Preisvorstellungen haben Sie denn?“

Wenn Sie erst einmal eine Aussage gemacht haben, wird Ihr Verhandlungspartner daran festhalten.

- Die Gegenfrage können Sie auch dann einsetzen, wenn Sie Zeit für eine Antwort gewinnen wollen oder ein angesprochenes Thema zurückstellen möchten:

> Frage: „Wie viel Rabatt können Sie uns auf den Preis geben?“
> Gegenfrage: „Können wir diese Frage zunächst noch zurückstellen?“

- Eine weitere Möglichkeit, Gegenfragen zu stellen, die nicht provozierend wirken, sind echte Verständnisfragen. Hier kommt es ganz auf Ihre Betonung und die Körpersprache an. Stellen Sie die Frage so, dass Ihr Gesprächspartner sich nicht provoziert fühlt.
- Im Verkaufsgespräch wird die Gegenfrage zudem oft tak-

tisch eingesetzt, um einen Abschluss herbeizuführen. So mancher Abschluss wird totgeredet, weil Abschlusssignale nicht erkannt oder ernst genommen werden. Abschlusssignale können Fragen nach Details oder nach Zugeständnissen sein. Mit der Gegenfrage wird das Gespräch geschickt zum Abschluss geführt. Sie bietet zudem den Vorteil, dass eine Frage nicht einfach nur mit einem knappen Ja oder Nein beantwortet und das Gespräch anschließend auf einen anderen Punkt geleitet wird.

Kunde: „Akzeptieren Sie als Zahlungsmittel auch einen Wechsel?“
Verkäufer: „Gern! Möchten Sie die Ware lieber mit einem Wechsel bezahlen?“
Kunde: „Ja.“
Verkäufer: „Dann lassen Sie uns dies doch gleich festhalten und den Vertrag damit abschließen.“

Verschiedene Fragetypen

Auf den Punkt gebracht

- Mit Informationsfragen lassen sich Konditionen, Einstellungen und Vorstellungen in Erfahrung bringen.
- Mit Lenkungsfragen signalisieren Sie Verständnis, lenken das Gespräch in die gewünschte Richtung, behandeln Einwände und führen Ihren Gesprächspartner zum Abschluss.
- Offene Fragen regen zum Nachdenken an und werden als geringe Beeinflussung erlebt. Mit offenen Fragen erfahren Sie mehr über die Vorstellungen, Anforderungen und möglichen Hintergründe für Einwände.
- Geschlossene Fragen sind sinnvoll, um Gesprächsergebnisse festzuhalten oder Gesprächspartner zu einer eindeutigen Stellungnahme zu bringen.
- Spiegelungs- oder Rückkopplungsfragen eignen sich dafür, Verständnis zu signalisieren und zu sichern, sowie zur Entscheidungsvorbereitung.
- Suggestivfragen sollten vermieden werden, weil sie meist als Manipulation empfunden werden und das Klima vergiften können. Seien Sie vorsichtig, wenn man Sie mit einer Suggestivfrage zu einer Aussage oder Handlung bewegen möchte.
- Ziel der Motivationsfrage ist es, eine gute Gesprächsatmosphäre zu schaffen und den Gesprächspartner in eine wohlwollende Grundhaltung zu bringen.
- Ziel der dirigierenden Frage ist es, dem Gesprächspartner Übereinstimmung ins Gedächtnis zu rufen, um ihn zu beeinflussen, und weitere Informationen zu erhalten.
- Mit der Alternativfrage können Sie den Verhandlungspartner zum Abschluss oder zu einer Teileinigung leiten.
- Gegenfragen sind sinnvoll,
  - wenn Sie zunächst die Einstellung Ihres Verhandlungspartners erkunden möchten,
  - wenn Sie Zeit für eine Antwort gewinnen wollen,
  - wenn Sie echte Verständnisfragen haben,
  - um einen Abschluss herbeizuführen.

4 Verhandlungstaktiken

Vorgehensweisen für ein optimales Verhandlungsergebnis

Verhandlungstaktiken sind geplante Vorgehensweisen, um einem Verhandlungsziel näherzukommen.
Die im Folgenden genannten Verhandlungstaktiken können Sie selbst einsetzen, sie können Ihnen aber auch ausgesetzt sein. Wenn Sie sie kennen, dann können Sie sie als Taktik identifizieren und entsprechend darauf reagieren. Das hat für Sie den Vorteil, dass Sie nicht Ihr Ziel aus den Augen verlieren und einem Abschluss zustimmen, den Sie später bereuen.

Beachten Sie aber folgende wichtige Empfehlung:

> Behalten Sie beim Einsatz von Verhandlungstaktiken immer die Win-win-Strategie im Auge.

Mit der einen oder anderen Taktik kämen Sie vielleicht schnell zum gewünschten Ergebnis. Wenn sich Ihr Verhandlungspartner aber nach Verhandlungsende überrumpelt fühlt oder er mit der Vereinbarung im Nachhinein nicht zufrieden ist, so wird er – wenn möglich – einen Rückzieher machen, auf jeden Fall aber unzufrieden sein und nicht wieder mit Ihnen verhandeln. Der langfristige Erfolg bleibt aus.
Eine weitere wichtige Empfehlung lautet:

> Setzen Sie nur solche Taktiken ein, die zu Ihrer Persönlichkeit passen.

Sonst wird Ihr Verhalten als unecht empfunden und vom Verhandlungspartner schnell als Taktik entlarvt.
Taktiken müssen auch der Situation entsprechen. Selbst wenn Sie sich vorher genau überlegt haben, welche Taktik Sie anwenden wollen, kann es doch in der konkreten Verhandlung sinnvoll sein, die Taktik zu modifizieren. Verhalten Sie sich immer situationsgerecht.

Argumentieren

Was bedeutet „Argument“ und „argumentieren?“

Ein Argument ist ein Beweisgrund. Die Argumentation ist die Beweisführung. Argumentieren bedeutet also: Argumente vorbringen, Beweise darlegen, begründen.

Erfolgreiche Argumentation

Bevor Sie zum eigentlichen Argumentieren übergehen, sollten Sie die Situation genau beobachten und Informationen mithilfe der verschiedenen Fragetechniken einholen.

> Umfangreiche Informationen sind die Voraussetzung für zielgerichtetes, situationsgerechtes und auf den Gesprächspartner ausgerichtetes Argumentieren.

Die **einfache Argumentation** besteht aus einer These (einer Behauptung) und darauf folgender Begründung und Erklärung. Diese Begründung kann eine Vermutung, eine Feststellung, eine Beurteilung oder eine Empfehlung sein. Wird eine Behauptung nicht erklärt und begründet, so hat sie auf den Gesprächspartner nur geringe Wirkung.

Behauptung		Argument
„Dieser Pkw ist genau der richtige für Sie …“	**WEIL**	„… er Ihren Anforderungen an Sicherheit und Ihrer Preisvorstellung entspricht.“

Das Verbindungswort „weil“ ist für die Argumentation nicht erforderlich, erleichtert aber das Vorgehen und das Üben.

Verbinden können Sie Ihre Argumentation auch durch Aussagen wie z. B. „das bedeutet …", „Ihr Vorteil und Ihr Nutzen ist …".

Reihenfolge der Argumentation

Um Ihre These zu untermauern und plausibel zu machen, haben Sie wahrscheinlich mehrere gute Argumente.

> Wichtig ist, nicht alle Argumente zu nennen, sondern eine stichhaltige Auswahl, am besten drei.

Durch die Berücksichtigung der Reihenfolge der Argumente stärken Sie Ihre Überzeugungskraft.
Allgemein gilt:
Stellen Sie

- das zweitstärkste Argument an den Anfang,
- das schwächste Argument in die Mitte und
- das stärkste Argument an das Ende.

Erweiterte Argumentation

Ziel Ihrer Argumentation ist es, Ihren Gesprächspartner von Ihrem Standpunkt zu überzeugen und/oder mit Ihrer Argumentation seinen bzw. einen anderen Standpunkt zu widerlegen.
Eine weitere Möglichkeit, überzeugender zu wirken, ist die Erweiterung Ihrer Argumentation, beispielsweise durch den Einsatz sogenannter Stützen, das sind:

- Fakten (nachweisbare Tatsachen),
- anerkannte Werte und Moralvorstellungen,
- logische Denkmodelle,
- plausible Beispiele.

Darüber hinaus können Sie Ihre Argumentation auch durch eine Schlussfolgerung und/oder die Einbeziehung Ihres Gesprächspartners durch eine abschließende Frage („Was halten Sie davon?") erweitern.

Also:

> Ihre Taktik muss sowohl zu Ihrer Persönlichkeit als auch zur Situation passen. Sonst wirken Sie schnell unglaubwürdig und erreichen das Gegenteil.

Verhandlungstaktik: Zugeständnisse machen

Zugeständnisse können Sie auch als Verhandlungstaktik einsetzen, frei nach dem Motto: „Wie ich dir, so du mir."
Überlegen Sie sich vor Verhandlungsbeginn genau, welches Zugeständnis für Ihren Verhandlungspartner wichtig ist, Sie selbst aber nicht viel kostet. Da viele Menschen sich verpflichtet fühlen, auf einen Gefallen mit einem Gefallen zu reagieren, können Sie dieses Zugeständnis als Verhandlungstaktik einsetzen.

> Ziel dieser Taktik ist es, dass Ihr Gesprächspartner das Zugeständnis als großes Entgegenkommen wertet und im Gegenzug auch ein Zugeständnis anbietet.

Machen Sie das Zugeständnis, indem Sie verdeutlichen, dass Sie sich großzügig zeigen möchten und im Sinne einer guten Zusammenarbeit gern in bestimmten Punkten entgegenkommen. Lassen Sie Ihr Zugeständnis wie ein Geschenk aussehen.

Sollte Ihr Gesprächspartner darauf nicht wie erwartet reagieren, so können Sie zu einem späteren Zeitpunkt darauf hinweisen, wie großzügig Sie sich verhalten haben.

Auch der umgekehrte Fall ist denkbar: Vielleicht konfrontiert man Sie selbst zu Beginn der Verhandlung mit einem Zugeständnis.
Da es sich hierbei ebenfalls um eine Taktik handeln kann, mit der man Sie zu einem Zugeständnis veranlassen will, gilt die Empfehlung:

Freuen Sie sich darüber und bedanken Sie sich. Lassen Sie sich aber nicht vorschnell dazu verleiten, mit einem Zugeständnis zu antworten.

Behalten Sie Ihr Ziel und Ihre eingeplanten Zugeständnisse genau im Auge. Sie können Ihrem Verhandlungspartner immer noch entgegenkommen. Verspielen Sie Ihren Trumpf nicht gleich zu Anfang.

Verhandlungstaktik: Es hat mir die Sprache verschlagen

Diese Verhandlungstaktik können Sie immer dann einsetzen, wenn Ihr Verhandlungspartner eine sehr große Forderung stellt.
Wenn Sie den Eindruck haben, eine Forderung sei übertrieben oder gar unverschämt, und Sie glauben, dass dies auch Ihrem Verhandlungspartner bewusst ist, dann kontern Sie mit der Aussage:

- *Das verschlägt mir die Sprache* oder auch
- *Das meinen Sie doch nicht ernst.*

Achten Sie darauf, wie Ihr Verhandlungspartner auf diese Aussage reagiert. Ist ihm bewusst, dass seine Forderung unvernünftig ist, so geben Sie ihm mit der Aussage *Das meinen Sie doch nicht ernst* die Möglichkeit, ohne Schwierigkeiten einen Rückzieher zu machen.

Es ist jedoch auch möglich, dass Ihr Verhandlungspartner von seiner Forderung nicht abrückt.
Dann müssen Sie davon ausgehen, dass er seine Forderung durchaus als realistisch und vernünftig einschätzt. In diesem Fall sollten Sie weiter den Überraschten spielen und seine Forderung mit offenen Fragen kontern: Fragen Sie ihn, wie er zu dieser Forderung kommt und auf welche Grundlagen bzw. Annahmen er diese Forderung bezieht.

Gehen Sie behutsam vor wie bei der Einwandbehandlung. Hören Sie genau zu, was er sagt. Analysieren Sie, wie er zu dieser Einstellung kommen konnte, und verdeutlichen Sie anschließend Ihren Standpunkt und die Vorteile einer vernünftigen Einigung.

Richtet sich eine Aussage wie *Das meinen Sie nicht ernst* im Verhandlungsgespräch gegen Sie, so sollten Sie Ihre Forderung noch einmal überprüfen: Ist sie wirklich vernünftig und entspricht sie einer Win-win-Strategie?
Wenn Sie die Forderung weiterhin für realistisch halten, so müssen Sie diese gut begründen.

Verhandlungstaktik: Vorsorge treffen

Die Verhandlungstaktik „Vorsorge treffen“ ist sinnvoll, wenn Sie von Ihrem Verhandlungspartner Kritik erwarten.
Überlegen Sie vor der Verhandlung, ob sich beispielsweise aus früherer Zusammenarbeit Reklamationen ergeben haben oder andere Gründe vorliegen, die zur berechtigten Verärgerung Ihres Verhandlungspartners geführt haben.

Wenn das der Fall ist, könnte Ihr Verhandlungspartner das gegen Sie einsetzen und versuchen, damit Ihre Verhandlungsposition zu schwächen.

Hier lautet die Empfehlung: Nehmen Sie Ihrem Gegenüber „den Wind aus den Segeln“, indem Sie selbst kritische Punkte zu Beginn ansprechen, noch bevor Ihr Verhandlungspartner darauf zu sprechen kommt. So vermeiden Sie es, in die Defensive gedrängt zu werden.

> Einem zu erwartenden Angriff nehmen Sie die Härte, wenn Sie verdeutlichen, dass zukünftig kein Grund mehr zu Reklamationen oder Unzufriedenheit bestehen wird.

Beispiel

Sie gehen davon aus, dass Ihr Verhandlungspartner verärgert ist, weil in der Vergangenheit Zahlungen oft nicht pünktlich erfolgten und Sie deshalb angemahnt wurden. Sie nehmen zu diesem Sachverhalt wie folgt Stellung: „Es ist wirklich schwer, qualifiziertes Personal für die Buchhaltung zu gewinnen. Zum Glück haben wir nun die besten Mitarbeiter in der Rechnungskontrolle. Es gab vorher immer wieder Schwierigkeiten mit den Zahlungen. Aber dieses Problem ist nun zum Glück erledigt."

Begegnet man Ihnen im Verhandlungsgespräch mit solchen vorsorglichen Aussagen, dann sollten Sie Ihre bisherige Verärgerung im Hinterkopf behalten. Sprechen Sie Dinge, die zu Reklamationen oder Unzufriedenheit geführt haben, auf jeden Fall im Laufe des Gesprächs noch einmal an. Schließlich wollen Sie sichergehen, dass Ärgernisse zukünftig ausgeschlossen sind oder dass man Ihnen bei den Konditionen entgegenkommt.

Verhandlungstaktik: Der große Biss

Mit dieser Taktik können Sie immer dann sehr erfolgreich sein, wenn Sie eine sehr gute Verhandlungsposition haben und wissen, dass Ihr Verhandlungspartner großen Wert auf einen Abschluss legt.

> Ziel dieser Verhandlungstaktik ist es, den Verhandlungspartner von seinen ursprünglichen Zielen abzubringen.

Dem Verhandlungspartner wird mit dem „großen Biss" vermittelt, dass seine Bedingungen auf keinen Fall akzeptiert werden. Trotzdem muss der Wunsch und die Hoffnung genährt werden, dass es zu einem Abschluss kommt.

Beispiel

Ihr Verhandlungspartner macht Ihnen ein Angebot mit einem Preis in Höhe von 10.000 €. Sie machen einen „großen Biss" und erklären ihm, dass Sie nur bei maximal 5.000 € abschließen werden.
Sie hoffen, dass der Verhandlungspartner Ihnen einen Gegenvorschlag mit einem Preis macht (z. B. 7.000 €), der weit unter dem liegt, den er bei seiner Planung erreichen wollte.

Wägen Sie bei dieser Taktik gut die unerwünschten Auswirkungen auf eine zukünftige Kooperation gegen die kurzfristigen Vorteile ab.

Der Abschluss sollte immer noch so fair sein, dass Ihr Verhandlungspartner damit auch nach Verhandlungsende noch zufrieden ist. Auch hier wieder der Rat: Lassen Sie Ihrem Verhandlungspartner das Gefühl, erfolgreich verhandelt und gut abgeschlossen zu haben.

Kommen Sie selbst in die Situation, dass Ihr Verhandlungspartner versucht, ein sehr großes Zugeständnis von Ihnen zu fordern, so lassen Sie sich nicht so schnell von Ihren Zielen abbringen. Denken Sie daran: Es kann sich um eben diese Taktik handeln.

Reagieren Sie besonnen und bleiben Sie zunächst bei Ihren ursprünglichen Konditionen. Als Reaktion eignet sich die Taktik „Es hat mir die Sprache verschlagen" oder - je nach Situation - die Taktik „Scheinbar nicht verhandeln wollen".

Verhandlungstaktik: Scheinbar nicht verhandeln wollen

Die Taktik „Scheinbar nicht verhandeln wollen" verfolgt das Ziel, den Verhandlungspartner zu verunsichern und aus der Reserve zu locken. Ihm soll verdeutlicht werden, dass kein weiterer Verhandlungsspielraum besteht.
Wenn Sie diese Taktik einsetzen, sollten Sie sie mit Körpersprache unterstützen.

Sie könnten beispielsweise Ihre Unterlagen zusammenlegen, aufstehen und sogar zur Tür gehen.

Das sollten Sie sich jedoch vorher gut überlegen. Sie riskieren, dass Ihr Verhandlungspartner Sie auch tatsächlich gehen lässt. Ein Rückzug ohne Gesichtsverlust ist für Sie dann unmöglich.

> Voraussetzung für den erfolgreichen Einsatz dieser Taktik ist, dass Sie eine sehr gute Alternative haben.

Darüber hinaus müssen Sie sich sicher sein, dass Ihr Verhandlungspartner an einer Einigung sehr interessiert ist, weil er keine oder nur schlechte Alternativen hat.

Beispiel

Sie verhandeln mit Ihrem Vermieter über die Rückzahlung Ihrer Kaution und Reparaturarbeiten, die Sie erbringen sollen. Vor einer gerichtlichen Auseinandersetzung haben Sie keine Angst, weil Ihre Rechtsschutzversicherung alle Kosten übernimmt. Dennoch möchten Sie lieber eine gütliche Einigung, um ein langes Gerichtsverfahren zu vermeiden. Sie sind bereit, kleine Kompromisse einzugehen. Ihrem Vermieter gegenüber verdeutlichen Sie aber gleich zu Beginn der Verhandlung, dass Sie nicht verhandlungsbereit sind. Nun liegt es bei ihm, akzeptable Vorschläge zu unterbreiten.

Da diese Verhandlungstaktik zu einem sehr gefährlichen Spiel werden kann, sollten Sie, falls die Taktik gegen Sie verwandt wird, Ihrem Verhandlungspartner die Möglichkeit lassen, sein Gesicht zu wahren. Geben Sie ihm eine Rückzugsmöglichkeit, die ihm nicht peinlich sein muss.
Erreichen können Sie das beispielsweise, indem Sie die gute Zusammenarbeit betonen, seine Leistungen herausstellen und ihm immer noch eine Einigung in Aussicht stellen.

Beispiel

Der Vermieter aus dem Beispiel oben könnte dem Mieter für das bisher nette Verhältnis danken, betonen, wie zufrieden er mit ihm als Mieter immer war, und ihm erklären, dass beide Seiten sich sicher auch ohne Gericht noch einigen werden. Zudem könnte er die Vorteile einer gütlichen Einigung herausstellen.

Verhandlungstaktik: Da müssen Sie mir schon ein besseres Angebot machen

Diese Verhandlungstaktik birgt – ähnlich wie die Taktik „Scheinbar nicht verhandeln wollen" – die Gefahr, dass Sie sich daraus kaum ohne Gesichtsverlust wieder zurückziehen können. Deshalb auch hier der Rat:

- Verwenden Sie sie nur, wenn Sie sich sicher sind, dass Sie eine sehr starke Verhandlungsposition haben,
- Sie jederzeit auf gute Alternativen zurückgreifen können und
- Sie sicher sind, dass Ihr Verhandlungspartner Ihnen tatsächlich noch weiter entgegenkommen kann.

Auch bei dieser Taktik kommt es auf die Unterstützung Ihrer Aussage durch Ihre Körpersprache an. Während Sie sich aber bei der Verhandlungstaktik „Scheinbar nicht verhandeln wollen" stur zeigen, müssen Sie hier mit Ihrem Körper die tiefe Enttäuschung verdeutlichen: Sie haben ja so viel Zeit und Arbeit in die Verhandlung investiert. Zeigen Sie, dass Sie beim besten Willen unter solchen Bedingungen nicht zustimmen können.

Konfrontiert man Sie selbst mit dieser Verhandlungstaktik, dann hinterfragen Sie die Aussage und das Verhalten zunächst.
Zeigen Sie, dass Sie Ihr Angebot oder Ihre Forderungen durchaus für akzeptabel halten. Fragen Sie Ihren Verhandlungspartner, in welchen Bereichen er ein besseres Angebot erwartet und wie dieses seines Erachtens aussehen soll.

Achten Sie auch hier darauf, dem Gesprächspartner eine Rückzugsmöglichkeit zu lassen. Sonst könnte es passieren, dass er, allein um sein Gesicht zu wahren, einer Einigung nicht mehr zustimmen will. Betonen Sie auch kleinere Punkte, in denen bereits eine Einigung erzielt werden konnte. Versuchen Sie zunächst, Übereinstimmung in Details zu erzielen.

Verhandlungstaktik: Schlechte Nachricht – gute Nachricht

Auch mit der Verhandlungstaktik „Schlechte Nachricht - gute Nachricht" verfolgen Sie zunächst das Ziel, Ihren Verhandlungspartner zu verunsichern.

Mit einer schlechten Nachricht wollen Sie bei Ihrem Verhandlungspartner zunächst den Eindruck erwecken, dass eine Einigung oder ein Vertragsabschluss gar nicht mehr zustande kommen kann. Gleich im nächsten Satz bringen Sie aber eine gute Nachricht zum gleichen Thema an, sodass Ihr Verhandlungspartner nun denken muss, dass er unter bestimmten Umständen (= Zugeständnisse seinerseits) sein Ziel doch noch erreichen kann.

Beispiel

Als Hoteleinkäufer möchten Sie einen Vertrag mit einem Hotelier verlängern. Ihr Ziel ist es, die Preise für die kommende Saison zu senken.
Ihr Verhandlungsgespräch könnten Sie mit der Anwendung der Taktik „Schlechte Nachricht – gute Nachricht" dann wie folgt eröffnen:
„Die Geschäftsleitung wollte diesen Ort und Ihr Hotel eigentlich ganz aus dem Programm nehmen. Ich habe mich für Sie eingesetzt. Wir können den Vertrag nun doch noch verlängern, wenn Sie uns mit den Preisen um 5 Prozent entgegenkommen."

Wenn man Sie in einer Verhandlung mit „Schlechte Nachricht - gute Nachricht" konfrontiert, vergegenwärtigen Sie sich das Ziel fast jeder Verhandlungstaktik: Verunsicherung. Lassen Sie sich also nicht sofort beeinflussen.

Besser ist es, wenn Sie diese Aussage zunächst überhören und nicht darauf eingehen. Überlegen Sie genau, ob es sich hier um eine Verhandlungstaktik handeln kann oder ob diese Aussage zutreffend ist.

Prüfen Sie die Situation im laufenden Gespräch. Gehen Sie nicht sofort davon aus, dass Sie wirklich ein Zugeständnis machen müssen. Überlegen Sie, wie Ihre Chancen sind und welche Auswirkungen es hat, wenn Sie dem Zugeständnis nicht zustimmen.

Sollte sich während des Verhandlungsgesprächs herausstellen, dass die „schlechte Nachricht" wirklich den Tatsachen entspricht, können Sie Ihr Zugeständnis immer noch machen.

Verhandlungstaktik: Nach hinten verschieben

Manchmal stocken Verhandlungen an einem einzelnen Punkt. Wenn Sie in solch einer Situation stecken, vereinbaren Sie mit Ihrem Verhandlungspartner, diesen Punkt zu übergehen und zunächst die weiteren Themen zu klären.

Sind Sie dann mit der Verhandlung ein großes Stück weitergekommen, so ist der verschobene Punkt oft viel einfacher zu verhandeln.

> Holen Sie den verschobenen Punkt an einer Stelle wieder hervor, die für Sie von Vorteil ist.

Diese Taktik können Sie beispielsweise einsetzen, wenn Sie ein bestimmtes Thema erst behandeln wollen, sobald sich Ihre Position verbessert hat.

Umgekehrt gilt: Bemerken Sie, dass Ihr Verhandlungspartner einen Punkt nach hinten verlegen möchte, so ist Vorsicht angebracht.

- Geht es um ein Thema, das ihm unangenehm ist?
- Welche Vorteile kann er durch ein Verschieben erlangen?

Wenn Sie den Eindruck haben, es handelt sich um eine Taktik, die Sie ins Hintertreffen bringen kann, dann sollten Sie diesen Punkt besser sofort hervorholen und diskutieren.

Verhandlungstaktik: Kleine Schritte

Die Verhandlungstaktik „Kleine Schritte“ ist immer dann sinnvoll, wenn Sie in vielen kleinen Punkten Zugeständnisse erzielen wollen.

Diese Zugeständnisse werden oft leicht gewährt, weil sie von geringer Bedeutung sind. Zusammengerechnet ergeben sie jedoch einen großen Vorteil für Sie.

Sofern Sie diese Verhandlungstaktik anwenden, sollten Sie jeden einzelnen kleinen Schritt, jedes Detail ansprechen, genau durchgehen, diskutieren und eine Einigung darüber erzielen.

Mit dieser Taktik können Sie auch das Ziel verfolgen, Ihren Verhandlungspartner zu ermüden, um dadurch mehrere Zugeständnisse zu erhalten.

Denken Sie umgekehrt daran, dass Sie auch kleine Zugeständnisse in Detailfragen insgesamt eine Menge kosten können, wenn Ihr Verhandlungspartner diese Taktik bei Ihnen anwendet. Behalten Sie auch Ihre Nebenziele immer in Ihrem Bewusstsein.

Verhandlungstaktik: Abrunden

Bei Preisverhandlungen kann die Verhandlungstaktik des Abrundens sinnvoll sein.

Kleine Zahlen wirken immer sympathischer, Ihr Verhandlungspartner wird sich eher darauf einlassen, kleinere Beträge abzurunden, als Zugeständnisse bei großen Beträgen zu machen.

> Vor Anwendung dieser Taktik sollten Sie die Vorteile, die Sie damit erlangen können, genau durchgerechnet haben.

Sollte Ihr Verhandlungspartner versuchen, Ihre Preise abzurunden, so gilt die Empfehlung: Zögern Sie nicht, mit Ihrem Taschenrechner nachzurechnen, welcher Gesamtsumme Sie beim Abrunden zustimmen würden.

Was im ersten Moment wenig scheint, kann in der Summe für Sie bedeuten, dass Sie damit unter Ihrem Deckungsbeitrag liegen.

Verhandlungstaktik: Der Gute und der Böse

Diese Verhandlungstaktik ist immer dann sehr gut geeignet, wenn Sie zu zweit mit anderen verhandeln.

Sie funktioniert folgendermaßen: Einer der Partner spielt den „Bösen", und der Partner versucht, als „Guter" immer wieder doch noch eine für beide Seiten akzeptable Einigung zu erzielen.
Der größte Vorteil liegt darin, dass Sie sehr gut ausloten können, wie groß der Verhandlungsspielraum tatsächlich ist.

Beispiel

Von Ihnen wird ein Zugeständnis gefordert. Nun kann derjenige, der den „Bösen" spielt, dies zunächst vehement ablehnen und signalisieren, nicht darüber verhandeln zu wollen. Der „Gute" kann dann schlichtend eingreifen und versuchen, doch noch eine – für die beiden Partner natürlich vorteilhafte – Einigung zu erzielen.

Mit dieser Verhandlungstaktik kann „der Böse" viel fordern und viel riskieren, da „der Gute" jederzeit einlenken kann.

Der „Gute" kann also jederzeit einen Rückzieher veranlassen, ohne dass einer von beiden das Gesicht verliert, indem er sich immer wieder kompromissbereit zeigt.

Sollten Sie in die Situation kommen, dass Sie mit zwei Verhandlungspartnern verhandeln, die eben diese Taktik anwenden, so ist es entscheidend, dass Sie sich Ihre Ziele fest vor Augen halten.

Zeigen Sie, dass Sie sich von dieser Taktik nicht beeindrucken lassen. Signalisieren Sie, dass Sie die Vorgehensweise als Verhandlungstaktik durchschauen. Oft hilft es auch, die Forderungen des „Bösen“ einfach zu überhören und nicht darauf einzugehen.

Verhandlungstaktik: Vorsichtiges Antesten

Die Taktik des vorsichtigen Antestens ist immer dann ratsam, wenn es während der Verhandlung zu Konflikten oder Schwierigkeiten kommt und die Gefahr besteht, dass die gesamte Verhandlung scheitert.

Wenn Sie während Ihrer Verhandlung vor einer größeren Hürde stehen, können Sie mithilfe dieser Taktik, beispielsweise mit einer offenen Frage, vorsichtig antesten, wie flexibel Ihr Verhandlungspartner ist.

Diese Taktik können Sie auch dann anwenden, wenn Sie befürchten, Ihr Gegenüber mit einer größeren Forderung zu verärgern.

Das Ziel ist einerseits, die Meinung Ihres Verhandlungspartners und die Verhandlungsspielräume zu erkunden, und andererseits, ihn selbst zu veranlassen, Lösungsvorschläge zu unterbreiten. Die Reaktion zeigt Ihnen, ob er bereit ist, an einer Lösung mitzuarbeiten.

Bei dieser Verhandlungstaktik handelt es sich um eine defensive Taktik. Sie lässt Ihnen den Rückzug jederzeit und ohne Schwierigkeiten offen.

Beispiel

In einer Verhandlung kommen Sie bei dem Punkt Reisekosten nicht weiter. Ihrem Verhandlungspartner sind die Reisekosten, die er übernehmen soll, zu hoch. Sie selbst wollen aber nicht ganz auf die Erstattung verzichten und machen den folgenden Vorschlag:
„Was halten Sie davon, wenn wir die Kosten durch einen Pauschalbetrag begrenzen?"
Auch mit der Frage „Wie können wir im Punkt Reisekosten eine für beide Seiten akzeptable Lösung erzielen?" veranlassen Sie Ihren Verhandlungspartner, konstruktive Lösungen zu suchen.

Die Taktik des vorsichtigen Antestens können Sie auch als Reaktion einsetzen, wenn Sie mit der Verhandlungstaktik „Scheinbar nicht verhandeln wollen" konfrontiert werden.

„Was halten Sie davon, wenn wir die einzelnen Punkte noch einmal ganz genau durchgehen?"

Auf den Punkt gebracht

- Behalten Sie beim Einsatz von Verhandlungstaktiken immer die Win-win-Strategie im Auge.
- Die Eignung der Taktiken im Einzelnen:
  - Wenn Sie Ihren Gesprächspartner zu einem Zugeständnis bringen wollen: Taktik Zugeständnisse machen.
  - Wenn Ihr Gegenüber hohe Forderungen stellt: Taktik Es hat mir die Sprache verschlagen.
  - Wenn Sie von Ihrem Gesprächspartner Kritik erwarten: Taktik Vorsorge treffen.
  - Wenn Ihre Verhandlungssituation ausgesprochen gut ist und Sie Ihr Gegenüber von seinen ursprünglichen Zielen abbringen wollen: Taktik Der große Biss.
  - Wenn Sie auf der Basis einer sehr guten eigenen Position Ihren Verhandlungspartner verunsichern wollen: Taktik Scheinbar nicht verhandeln wollen oder Da müssen Sie mir schon ein besseres Angebot machen oder Schlechte Nachricht - gute Nachricht.
  - Wenn Ihre Verhandlungen ins Stocken geraten oder ein Punkt für Sie eher unangenehm ist: Taktik Nach hinten schieben.
  - Wenn Sie in vielen kleinen Punkten Zugeständnisse erzielen wollen: Taktik Kleine Schritte.
  - Wenn Sie bei Preisverhandlungen mit vielen kleinen Abrundungsbeträgen eine nicht unerhebliche Summe einsparen wollen: Taktik Abrunden.
  - Wenn Sie zu zweit mit anderen verhandeln: Taktik Der Gute und der Böse.
  - Wenn es während der Verhandlung zu Schwierigkeiten kommt: Taktik Vorsichtiges Antesten.
- Die eingesetzte Taktik muss zu Ihrer Persönlichkeit und zur Situation passen.

5 Schwierige und unfaire Verhandlungspartner

Problematische Situationen erkennen und meistern

Es gibt Menschen, mit denen es sehr schwierig ist, eine zielorientierte Verhandlung zu führen, die auf gegenseitigem Geben und Nehmen beruht. Sie müssen immer damit rechnen, an einen Verhandlungspartner zu geraten, der unfaire Taktiken und alle möglichen Tricks anwendet. Mit Ausweichen, Lügen, Verwischen von Tatsachen und böser Manipulation versuchen solche Menschen, in Verhandlungen und im Leben Erfolge – zumeist auf Kosten anderer – zu erzielen.

Seien Sie auf der Hut, wenn Sie den Eindruck haben, mit einem Menschen dieser Art zu verhandeln. Diese Menschen können sich gut verstellen, sodass Sie anfangs gar nicht bemerken, wen Sie vor sich haben.

Der Verhandlungspartner weicht aus

Ausweichen ist so eine unfaire Taktik. Es gibt Menschen, die diese Taktik anwenden, um etwas zu verschleiern.
Auf eine ganz konkrete Frage antworten diese mit einem Redeschwall, bei dem Sie erst einmal nicht mehr zu Wort kommen. Auch mit geschlossenen Fragen kann man diese lange Ausführung nicht umgehen.

Ziel dieser unfairen Taktik ist es, Sie abzulenken.

Und das funktioniert auch meistens. In der Regel hat kein Gesprächspartner mehr die Geduld, nach einer langen schwammigen Antwort die gleiche Frage noch einmal zu stellen.

Oft hat man durch das Ausweichmanöver die eigentliche Frage bereits wieder vergessen.

Wenn Sie in einer Verhandlung das Gefühl haben, Ihr Gesprächspartner will Ihnen ausweichen, dann merken Sie sich ganz genau die Themen, bei denen er das versucht. Wahrscheinlich hat er hierbei etwas zu verbergen und möchte diesen Punkt absichtlich ausklammern. Deshalb die Empfehlung:

> Lassen Sie nicht ohne Weiteres von den Themen ab, die Ihr Verhandlungspartner vermeiden will.

Fragen Sie sich, warum er bei diesem Punkt immer ausweicht und ob Ihnen ein vertrauenswürdiger Verhandlungspartner auf Ihre Frage eine klare Antwort geben könnte und würde.

Wenn Sie das bejahen, dann sollten Sie hartnäckig bleiben, bis Sie eine klare Antwort bekommen haben.

Der Verhandlungspartner lügt

Wenn Ihr Verhandlungspartner versucht, Sie mit Lügen zu übervorteilen, haben Sie kein leichtes Spiel.

Hier haben Sie nur eine Chance, wenn Sie zuvor ausreichend Informationen gesammelt und ausgewertet haben und im Gespräch Abweichungen oder Ungereimtheiten entdecken.

Haben Sie den Eindruck, dass Ihr Verhandlungspartner lügt, dann stellen Sie ihm Detailfragen zu diesem Thema, oder sprechen Sie das Thema später wieder an. Achten Sie auf Ungereimtheiten. Menschen, die lügen, wissen oft nicht mehr ganz genau, was sie gesagt oder versprochen haben.

Lügen decken Sie am besten dann auf, wenn Aussagen Ihres Verhandlungspartners im aktuellen Gespräch früheren widersprechen.

Eventuell drücken sich die Lügen auch in der Körpersprache Ihres Gegenübers aus. Viele Menschen vermeiden beispielsweise bei einer Lüge den Blickkontakt oder wirken insgesamt sehr unsicher.
Bei genauer Beobachtung und guter Analyse können Sie Lügen möglicherweise direkt erkennen.

Böse Manipulation

Das Wort Manipulation ist in Deutschland meist negativ besetzt. Eigentlich bedeutet „manipulieren" jedoch völlig wertfrei „Menschen bewusst beeinflussen". Eine Beeinflussung ist nicht grundsätzlich schlecht; sie kann auch zum Besten des anderen erfolgen.

„Böse Manipulation" hingegen setzt voraus, dass jemand einen anderen zu einer Handlung drängt, bei der der Manipulator sich einen Vorteil verschafft und den Nachteil des Manipulierten in Kauf nimmt oder sogar beabsichtigt.
Wenn Sie Anzeichen dafür bemerken, dass Sie manipuliert werden sollen, dann sollten Sie genau überlegen, ob Ihnen durch die Manipulation Nachteile entstehen können.

Anzeichen können beispielsweise folgende suggestive Aussagen Ihres Verhandlungspartners sein:

„Wir sind doch erfahrene Geschäftspartner, die auf einem höheren Level verhandeln. Sie stimmen mir doch zu, dass es unpassend ist, wie ein kleiner Buchhalter jede Kleinigkeit genau festzuhalten."

„Ich freue mich, mit einem so erfahrenen Geschäftspartner zu verhandeln. Die meisten Menschen haben große Angst, zügig Entscheidungen zu treffen. Dabei ist schnelles Reagieren und Entscheiden doch die einzige Grundlage, auf der Unternehmen erfolgreich geführt werden. Sie verstehen doch sicher auch, dass eine Entscheidung hier und jetzt erforderlich ist."

Ziel solcher suggestiven Aussagen ist es, jemanden im eigenen Interesse zu einer Entscheidung zu drängen. Es soll ihm schwerfallen, nicht zustimmend zu antworten.

Empfehlung: Lassen Sie sich in Verhandlungen keinesfalls zu schnellen Entscheidungen drängen, wenn Sie das Gefühl haben, die Konsequenzen noch einmal genau überprüfen zu wollen. Ignorieren Sie solche Suggestivaussagen oder antworten Sie z. B. auf die zweite Aussage ganz offensiv:

Beispiel

„Ja, ich bin entscheidungsfreudig und unser Unternehmen ist deshalb so erfolgreich, weil alle Entscheidungen gut durchdacht sind."

Falsch zitieren und unterstellen

Eine weitere Taktik ist falsches Zitieren. Hierbei wird entweder Ihnen etwas in den Mund gelegt, was Sie gar nicht gesagt haben, oder eine dritte Person wird falsch zitiert.
Reagieren Sie darauf unmittelbar und stellen Sie den Sachverhalt klar.

Mauern oder angreifen

Schwierig sind auch die Verhandlungspartner, die mauern oder angreifen. Menschen, die mauern, sind meist von Grund auf skeptisch. Sie haben meist eine starre Haltung, sie sind misstrauisch und verhalten sich unter Umständen sogar feindselig. Sie bauen so eine Mauer um sich herum auf, die sie schützen soll. Solche Gesprächspartner müssen zunächst davon überzeugt werden, dass die Verhandlung fair und in beiderseitigem Interesse erfolgen wird.

Einige Menschen haben es sich zur Gewohnheit gemacht, erst in die Offensive zu gehen. Nach dem Motto „Angriff ist die beste Verteidigung" greifen sie den Gesprächspartner an, um ihm zu zeigen, mit wem er es zu tun hat. Möglicherweise bedeutet verhandeln für sie entweder gewinnen oder verlieren, und verlieren wollen sie natürlich auf gar keinen Fall.

Lassen Sie sich von solchen Verhandlungspartnern nicht dazu verleiten, genauso zu reagieren, also ebenfalls zu mauern oder anzugreifen; aber auch nicht dazu, sich kleinlaut zu verteidigen.

Regeln für schwierige Gespräche

Mit unfairen Partnern zu verhandeln, ist schwierig, und Sie sollten sich nach einer schwierigen Verhandlung überlegen, welche Konsequenzen sie daraus ziehen, ob z. B. eine Beziehung mit diesen Partnern überhaupt in Ihrem Interesse ist.
Für die aktuelle Gesprächssituation gilt der Rat: Versuchen Sie, einen kühlen Kopf zu bewahren.

Wägen Sie ab, ob es sinnvoller ist, die Verhandlung abzubrechen und auf den Abschluss zu verzichten, oder ob es ratsam ist, „in den sauren Apfel zu beißen" und zu versuchen, das Beste aus dem Gespräch herauszuholen.

Tipps für Preisgespräche

- Um Preiszugeständnisse schnell berechnen zu können, sollten Sie alle Preise, Konditionen, Zahlungsbedingungen und auch die Deckungsbeiträge kennen.

- Versuchen Sie grundsätzlich, Preiszugeständnisse zu vermeiden. Überzeugen Sie Ihren Verhandlungspartner stattdessen von Ihren Leistungen. Ein Kunde, der von Ihrem Angebot überzeugt ist, wird gar nicht versuchen, den Preis zu drücken.

- Erkunden Sie die Motivation Ihres Verhandlungspartners. Handelt er aus reinem Ehrgeiz? Will er sich selbst oder seinem Vorgesetzten beweisen, wie gut er verhandeln kann? Bestimmen Sie auf dieser Grundlage, wie weit sie ihm mit welchen Zugeständnissen entgegenkommen müssen.

- Verkleinern Sie Ihre Preise oder Zahlen optisch:
  - Der Tagespreis in Höhe von € 1.800,– für ein Seminar scheint hoch. Nehmen beispielsweise zehn Personen an dem Seminar teil, dann wirkt der Preis in Höhe von € 180,– pro Seminarteilnehmer viel sympathischer.
  - 3 Prozent Skonto bei Barzahlung hören sich für den Verkäufer erträglicher an als ein Preisnachlass in Höhe von € 15.000,–.

- Gehen Sie sehr vorsichtig um mit Preissenkungen. Haben Sie Ihren Preis einmal gesenkt, so ist es schwer, später wieder für den Normalpreis zu argumentieren.

- Bevorzugen Sie Preiszugeständnisse der indirekten Art. Gewähren Sie beispielsweise einen Naturalienrabatt oder versprechen Sie kostenlose Werbemittel o. Ä.

- Falls sich ein Preiszugeständnis nicht vermeiden lässt, sollten Sie es beispielsweise als „einmaligen Einführungspreis" kommunizieren, um später mit der Einmaligkeit argumentieren zu können.

- Verbinden Sie Ihr Zugeständnis immer mit einem Zugeständnis Ihres Verhandlungspartners.

- Vereinbaren Sie eine umsatzabhängige Kick-back-Provision statt einer Preisreduzierung. Das bedeutet, dass Sie Ihrem Verhandlungspartner bei Erreichen einer festgelegten Umsatzgrenze oder Auslastung rückwirkend einen Rabatt gewähren. Ihr Vorteil: Ihr ursprünglicher Preis bleibt im Vertrag bestehen; wird die Umsatzgrenze nicht erreicht, erhält Ihr Vertragspartner auch keine Provision. Die Kick-back-Provision kann auch als Staffelprovision vereinbart werden.

Ziele im Blick behalten

Brechen Sie eine Verhandlung nicht zu früh ab, denken Sie daran, dass Sie Ihren Verhandlungspartner immer noch mit fairen Mitteln überzeugen können.
Ein unfaires Gespräch bedeutet weder, dass Sie automatisch Zugeständnisse machen müssen noch dass Sie sich am besten zurückziehen.
Wenn Sie bei einem Angriff zu schnell aufgeben, werden Sie das später höchstwahrscheinlich bereuen.

> Behalten Sie Ihre Ziele und Ihre Alternativen fest im Blick.

Den Gesprächspartner überraschen

Eine Grundregel der Kommunikation besagt, dass ein positiver Reiz mit einer positiven Reaktion beantwortet wird, während auf einen negativen Reiz eine negative Reaktion folgt.

Auf Verhandlungen bezogen, wäre das jedoch fatal: Auf einen Angriff würde ein Gegenangriff folgen, nach ständigem Widerspruch würde Streit entstehen, mangelndes Zuhören würde mit Desinteresse beantwortet.

Wenn Sie in der Geschäftswelt und in Verhandlungen so reagieren, dann haben Sie schnell verloren - einen wichtigen Kunden, einen Vertrag und vielleicht sogar Ihr Gesicht.

> Durch Streit erreichen Sie in Verhandlungen keine Einigung, und die wollen Sie doch erzielen.

Besser ist es, wenn Sie diesen Teufelskreis gar nicht erst entstehen lassen. Damit rechnet Ihr Verhandlungspartner nicht, damit können Sie ihn überraschen, die Situation entschärfen und anschließend in Ihrem Sinne ändern.

Genau zuhören

Wenn Sie den Eindruck haben, dass Sie an einen unfairen Partner geraten sind und Sie permanent mit Angriffen, Mauern und Widerspruch konfrontiert werden, ist genaues Zuhören besonders wichtig:

- Lassen Sie Ihren Verhandlungspartner ausreden, unterbrechen Sie ihn nicht.
- Versetzen Sie sich in die Lage Ihres Verhandlungspartners. Welche Interessen hat er, welche Ziele verfolgt er, warum reagiert er so?
- Stellen Sie Konkretisierungsfragen, um seine Einstellung zu hinterfragen. Halten Sie sich dabei Ihre Ziele genau vor Augen.

So erhalten Sie viele Informationen, die Sie für das weitere Gespräch nutzen können.

Abweichende Meinungen akzeptieren

Sie müssen Ihrem Verhandlungspartner das Recht auf seine eigene Meinung zugestehen. Damit erkennen Sie die Meinung Ihres Verhandlungspartners noch lange nicht an. Akzeptieren Sie eine andere Meinung als eine andere Sichtweise, die neue Aspekte ins Spiel bringt und neue Anregungen geben kann. Nur wenn es Alternativen gibt, ist es möglich, eine (= die beste) Entscheidung zu treffen.

Hat Ihr Verhandlungspartner eine andere Meinung und greift er Sie an, dann sollten Sie – mit dem Ziel einer Einigung vor Augen – wie folgt vorgehen:

- Signalisieren Sie ihm, dass Sie aufmerksam zuhören. Lassen Sie ihn ausreden, unterbrechen Sie ihn nicht.
- Stimmen Sie so oft wie möglich zu. Suchen Sie nach Teilaussagen, bei denen Sie gleicher Meinung sind. Verdeutlichen Sie Ihrem Verhandlungspartner bei diesen Teilaspekten Ihre Zustimmung mit kleinen Signalen. Ih

Verhandlungspartner wird dadurch sehr viel offener für eine weitere Diskussion, und für Sie wird es später leichter, Punkte anzusprechen, bei denen Sie eine andere Meinung haben.

- Bleiben Sie während des Gesprächs ruhig, selbstsicher und souverän. Präsentieren Sie mit Ihrer Körpersprache und Ihrer Stimme, dass Sie selbstsicher und stark sind. Angriffe und Widerspruch können schnell dazu führen, dass Sie die Sachebene verlassen. Wenn Sie unterschiedliche Meinungen nicht persönlich nehmen, wird es Ihnen leichtfallen, souverän darauf zu reagieren.
- Wenn Ihr Verhandlungspartner ausfallend wird und Sie persönlich angreift, machen Sie ihn auf freundliche Art und Weise auf sein Verhalten aufmerksam. Hierzu eignen sich am besten Ich-Aussagen.

„Ich habe das Gefühl, dass Ihre Angriffe sehr persönlich sind. Mit einer Diskussion auf der Sachebene kommen wir meines Erachtens schneller ans Ziel."

- Bauen Sie Verärgerungen Ihres Verhandlungspartners hinsichtlich einer Aussage, Meinung oder Frage mit einer Entschuldigung ab.

Eine Aussage wie z. B. „Das tut mir leid, da habe ich mich wohl etwas unglücklich ausgedrückt" ermöglicht die konstruktive Fortführung des Gesprächs.

- Diese Methode sollten Sie unabhängig davon einsetzen, ob die Verärgerung berechtigt oder unberechtigt ist. Dieser Brückensatz signalisiert Ihrem Verhandlungspartner, dass Sie Verständnis für seine Situation haben. Sie können ihn damit auf eine sachliche Ebene zurückführen, um eine konstruktive Diskussion zu ermöglichen.
- Stellen Sie Fragen, die Ihr Verhandlungspartner mit „Ja" beantworten wird. Durch diese Bejahung entsteht eine positive Grundlage für das weitere Gespräch.

Einigung initiieren

Mit den bisherigen Vorgehensweisen haben Sie die Grundlage geschaffen, um eine Einigung überhaupt zu ermöglichen.

Ändern Sie nun die Situation:

- Formulieren Sie die Aussage Ihres Verhandlungspartners so um, dass sie dem Problem gerecht wird.
- Interpretieren Sie seine Aussagen und Botschaften. Bringen Sie zum Ausdruck, wie Sie seine Äußerungen verstanden haben. Die Interpretation einer Aussage liegt immer beim Empfänger.
- Stellen Sie problemlösende Fragen.
- Stellen Sie seine Forderungen als eine mögliche Option dar, und formulieren Sie gleichzeitig weitere Optionen.
- Bitten Sie Ihren Verhandlungspartner um Rat und Hilfe.
- Wenden Sie die Taktik des „Antestens" an und unterbreiten Sie konstruktive Einigungsvorschläge. Versetzen Sie sich dazu in die Lage Ihres Verhandlungspartners und versuchen Sie, seine verborgenen Interessen zu identifizieren:

  - Hat er vielleicht das Ziel, die Verhandlung mit all seinen Forderungen zu gewinnen, um sich bei seinen Vorgesetzten zu profilieren?
  - Ist seine Verhandlungsposition vielleicht gar nicht so stark und wollte er dies nur mit Angriffen und Widerspruch kaschieren?
  - Ist er vielleicht gezwungen, sein Verhandlungsergebnis gegenüber Vorgesetzten, Geschäftspartnern, dem Ehepartner etc. zu rechtfertigen? Welche triftigen Argumente würden Sie in seiner Situation vorbringen?

- Überlegen Sie auch, wie die beste Alternative für Ihren Verhandlungspartner aussieht, falls eine Einigung nicht erzielt werden kann. Sie haben gute Karten, wenn Sie Vorschläge oder Angebote unterbreiten, die besser sind als seine beste Alternative.
- Äußern Sie anschließend Ihren Standpunkt, ohne Ihren Verhandlungspartner zu provozieren. Vertreten Sie Ihre

Meinung beispielsweise mit Ich-Botschaften, und untermauern Sie Ihre Meinung mit guten Argumenten, mit denen Sie Vorteil und Nutzen Ihrer Idee deutlich herausstellen.
- Bitten Sie ihn um ein Feedback und verdeutlichen Sie, dass dieses Feedback nicht die Entscheidung vorwegnimmt. Damit bewirken Sie, dass er offen bleibt für das Gespräch und weitere Lösungen.

Denken Sie immer daran: Ihr Verhandlungspartner möchte sein Gesicht wahren und sich als Gewinner fühlen.

Selbst wenn Ihr Vorschlag aus Sicht Ihres Partners sehr gut sein mag, es wird ihm schwerfallen, zuzustimmen, weil er damit eingestehen würde, dass Ihr Vorschlag besser ist als seiner. Deshalb:

> Versuchen Sie Ihre Vorschläge so darzustellen, als beruhten sie zumindest teilweise auf seinen Ideen.

Manche Verhandlungen scheitern nur daran, dass ein Verhandlungspartner nicht nachgeben kann aus Angst, sein Gesicht zu verlieren.

Anerkennung gehört zu den größten Motivatoren der Menschen. Wenn Ihr Gesprächspartner sein Gesicht wahren kann, dann bedeutet das, dass sein Selbstwertgefühl und sein Ehrgefühl nicht verletzt werden.

Es ermöglicht Ihrem Verhandlungspartner, vor anderen Menschen gut dazustehen und Anerkennung für sein Verhandlungsergebnis zu erhalten.

Konsequenzen des Scheiterns verdeutlichen

Um in schwierigen Verhandlungen eine Einigung zu erzielen, kann es auch sinnvoll sein, auf unerwünschte Konsequenzen des Scheiterns einer Verhandlung hinzuweisen.

Führen Sie Ihrem Verhandlungspartner vorsichtig vor Augen, welche Nachteile es hat, wenn Sie keine Einigung erzielen. Stellen Sie die Vorteile einer Einigung gegenüber.

Erwähnen Sie ruhig auch die Alternativen, die Sie haben, falls eine Einigung nicht zustande kommt.

> Achten Sie jedoch immer darauf, dass das, was Sie sagen, nicht als Bedrohung verstanden wird.

Auf Drohungen sollten Sie in einer Verhandlung verzichten. Damit wecken Sie nur Aggressionen und Widerspruch. Sie gefährden eventuell auch langfristige vertrauensvolle Beziehungen.

> Drohen Sie beispielsweise als Arbeitnehmer in einer Gehaltsverhandlung mit einer Kündigung für den Fall, dass Ihren Forderungen nicht nachgegeben wird, so kann dies eine weitere vertrauensvolle Zusammenarbeit verhindern.

Wenn Sie auf eine Drohung nicht verzichten wollen, dann müssen Sie sich darüber im Klaren sein, dass Sie diese Drohung tatsächlich auch wahrmachen müssen, wenn keine Einigung erzielt werden kann.

Sie können nicht ohne Gesichtsverlust einfach so tun, als hätte es diese Drohung nicht gegeben. Sonst machen Sie sich lächerlich und werden nicht mehr ernst genommen.

Auf den Punkt gebracht

- Wenn Ihr Verhandlungspartner versucht, Sie mit Tricks, Lügen und böser Manipulation zu übervorteilen, wenn er mauert oder Sie angreift: Hören Sie immer genau zu und achten Sie auf seine Körpersprache, um ihn zu überführen.
- Lassen Sie sich nicht dazu verleiten, genauso zu reagieren. Viel wirkungsvoller ist es, wenn Sie ruhig bleiben, genau zuhören, ihn ausreden lassen, Verständnis zeigen und damit anders reagieren, als Ihr Verhandlungspartner es von Ihnen erwartet.
- Signalisieren Sie Ihrem Verhandlungspartner, dass Sie seine Sichtweise akzeptieren. Suchen Sie nach Aspekten, mit denen Sie übereinstimmen, und zeigen Sie dafür Ihre Zustimmung.
- Reagieren Sie ruhig und souverän auf abweichende Meinungen. Bleiben Sie auch dann ruhig und gelassen, wenn Ihr Verhandlungspartner Sie persönlich angreift. Machen Sie ihn freundlich auf sein Verhalten aufmerksam.
- Äußern Sie Ihren Standpunkt, ohne Ihren Verhandlungspartner zu provozieren. Stellen Sie seine Forderungen als eine Option dar und formulieren Sie weitere Optionen, die Ihren Vorstellungen entsprechen.
- Stellen Sie Ihre Vorschläge so hin, als beruhten sie auf Ideen Ihres Verhandlungspartners, und geben Sie ihm das Gefühl, dass er der Gewinner ist.

6 Erfolgreiche Einwandbehandlung

Durch angemessene Reaktionen Widerstände abbauen

Stellen Sie sich eine Verhandlung vor, bei der Ihr Gesprächspartner Ihren Argumenten und Forderungen sofort zustimmt. Ohne jeden Einwand kommen Sie unverzüglich an Ihr Ziel.
Wahrscheinlich wären Sie sehr irritiert und würden sich fragen, ob Ihre Ziele vielleicht zu niedrig angesetzt waren.

Eine Verhandlung ohne Einwände - das ist sehr unwahrscheinlich. Auch Sie werden in einer Verhandlung voraussichtlich Einwände hervorbringen, wenn Ihnen Konditionen präsentiert werden oder man Ihnen Zugeständnisse abverlangt. Deshalb:

Überlegen Sie sich bereits bei Ihrer Vorbereitung, mit welchen Einwänden zu rechnen ist und wie Sie darauf reagieren wollen.

Wenn Sie oft über das gleiche Thema verhandeln, ist es - zumindest dann, wenn Sie noch nicht routiniert sind - ratsam, nach jedem Gespräch die Einwände Ihres Verhandlungspartners aufzuschreiben - mitsamt verschiedenen Reaktionsmöglichkeiten. So bauen Sie sich einen Erfahrungsschatz auf. Außerdem können Sie in den folgenden Verhandlungen die Gegenargumente bringen und herausfinden, welche Einwandbehandlung am meisten Erfolg verspricht. Auch hier jedoch wieder der Hinweis:

Ihre Reaktion auf Einwände muss zu Ihnen, zur Situation und zu Ihrem Verhandlungspartner passen.

Vorwände und Einwände

Vorwände und Einwände sind Aussagen Ihres Gesprächspartners, die den Widerstand gegen Ihre Konditionen zum Ausdruck bringen.

Häufige Gründe für Widerstände sind:
- Zweifel an Ihren Argumenten,
- Nichtgefallen Ihres Angebots, Ihrer Konditionen, Ihrer Forderungen nach Zugeständnissen,
- Zweifel an Ihrer Person,
- die Vorteile oder der Bedarf wurden noch nicht erkannt,
- wenig Interesse an einem Gespräch,
- kein Interesse an einer Zusammenarbeit,
- falscher Moment.

Mit Vorwänden und Einwänden müssen Sie während des gesamten Verhandlungsgesprächs rechnen. Die Regel lautet: Hören Sie aktiv zu, wenn Sie mit einem Vorwand oder Einwand konfrontiert werden. Nur wenn Sie den Grund für den Widerstand erkennen, können Sie richtig darauf reagieren und einen Einwand ausräumen.

Es ist für Ihre Verhandlung wichtig, dass Sie einen Einwand von einem Vorwand unterscheiden können:
- Ein Einwand bedeutet, dass Ihre Bedingungen nicht ohne weitere Informationen und/oder Argumente akzeptiert werden.
- Ein Vorwand hingegen ist ein Abwehrmechanismus. Die wahren Gründe für diese Abwehr sollen Ihnen nicht bekanntgegeben werden, sie sollen verdeckt bleiben, stattdessen werden andere Gründe vorgeschoben.

Es kann unterschiedliche Gründe geben, warum Sie mit einem Vorwand konfrontiert werden.

- Ein Verhandlungspartner, der kurz vor der Insolvenz steht, wird Ihnen das vielleicht nicht gern mitteilen und versteckt den wahren Grund hinter der Aussage, dass er kein Interesse an einer Verhandlung hat.
- Wenn Sie Ihren Verhandlungspartner während der Verhandlung verletzt oder gekränkt haben, wird er die Verhandlung wahrscheinlich eher unter einem Vorwand abbrechen, als offen mit Ihnen darüber zu sprechen. Menschen, die einen anderen nicht mögen, sprechen diese Tatsache selten offen aus.

Einwände lassen sich ausräumen, Vorwände nicht, weil Sie ihren wahren Grund nicht kennen.

Begegnet Ihnen Ihr Verhandlungspartner zu Beginn eines Gesprächs mit solchen Aussagen:

- *Keine Zeit,*
- *Ich will darüber nicht verhandeln,*
- *Kommt für mich sowieso nicht in Frage,*
- *Kein Bedarf,*

dann kann es sich um Einwände oder auch um Vorwände handeln.

Vorwände können Sie daran erkennen, dass sie bei dem Versuch, sie wie einen Einwand auszuräumen, wiederholt werden bzw. dass ein anderer Vorwand folgt.

Beispiel

Ein Mann möchte mit seiner Freundin ins Kino gehen. Er kennt ihren Geschmack und glaubt, dass ihr der Film gut gefallen wird. Außerdem ist ihm sehr daran gelegen, dass sie ihn begleitet, deshalb ist er auch zu Zugeständnissen bereit.
Die Freundin möchte mit ihm jedoch nicht ins Kino gehen, weil sie sich über ihn geärgert hat. Sie will dieses Thema aber nicht ansprechen.
Es kommt zu folgendem Dialog:

Mann: „Kommst du heute Abend mit mir ins Kino?"
Frau: „Nee, keine Zeit."
Mann: „Ich helf dir auch bei dem, was du gerade machst, dann bist du schneller fertig."
Frau: „Ich hab keine Lust."
Mann: „Der Film ist mit deinem Lieblingsschauspieler."
Frau: „Ich hab dir doch gesagt, dass ich keine Lust habe."

In diesem Beispiel folgt Vorwand auf Vorwand. Es hat keinen Zweck, weiter zu fragen, zu argumentieren oder weitere Zugeständnisse vorzuschlagen – solange der wahre Grund nicht bekannt ist, nützt die beste Argumentation nichts.

Überprüfen Sie bei einem Widerstand, ob es ein echter Einwand oder ein Vorwand ist, beispielsweise mit einer Was-wäre-wenn-Frage.

„Angenommen, du hättest heute Abend Zeit, würdest du dann mit mir ins Kino gehen?"

Bei einem echten Einwand würde diese Frage mit einem Ja beantwortet werden, weil das Problem dann nicht mehr bestünde. Das Hilfsangebot wäre dann wahrscheinlich die optimale Reaktion, um den Einwand zu entkräften, zumindest aber wäre mit diesem Zugeständnis die Basis dafür geschaffen, eine gemeinsame Einigung zu erzielen.
Lautet die Antwort auf diese Was-wäre-wenn-Frage hingegen Nein, so wird deutlich, dass es sich um einen Vorwand handelt. Dann empfiehlt es sich, zunächst einmal den wahren Grund, der hinter dem Vorwand steckt, herauszufinden.

Ist der wahre Grund erst einmal bekannt, kann er auch wie ein Einwand behandelt und vielleicht ausgeräumt werden. Sie könnten beispielsweise fragen:

„Ich hab das Gefühl, dass du noch andere Gründe dafür hast, nicht mit mir ins Kino zu gehen."

Nach einem Gedanken von Klaus-J. Fink gibt es noch eine weitere Methode, Vorwände von Einwänden zu unterscheiden und die Hintergründe von Vorwänden zu erfahren (vgl. Fink 1999).

> Ziel dieser Methode ist es, Vorwände langsam und behutsam aufzuweichen.

Gehen Sie dabei am besten in fünf Etappen vor:

- Verständnis signalisieren: Zeigen Sie Ihrem Verhandlungspartner, dass Sie seine Aussage ernst nehmen. Sie erreichen damit, dass sich sein Widerstand und seine Aggressionen mindern. Machen Sie auf einen pauschalen Vorwand eine pauschale Äußerung.
- Vorwand verringern: Verringern Sie den Vorwand (keine Zeit, kein Interesse etc.) dadurch, dass Sie ihn nur auf die derzeitige Situation beziehen. Als Empfänger einer Nachricht steht es Ihnen frei, wie Sie Aussagen interpretieren.
- Wohlwollende Unterstellung machen: Unterstellen Sie Ihrem Verhandlungspartner wohlwollend, dass generell die Absicht besteht, eine für beide Seiten positive Einigung zu erzielen. Ihr Verhandlungspartner wird dadurch in der Regel aufgeschlossener.
- Vorteil und Nutzen herausstellen: Weisen Sie auf den Nutzen Ihres Angebots oder Ihrer Bedingungen hin, der höchstwahrscheinlich von Vorteil für Ihren Verhandlungspartner ist.
- Mit Aussagen oder Fragen positiv einbeziehen: Verstärken Sie Ihre Aussage, indem Sie Ihren Verhandlungspartner mit Aussagen wie „nicht wahr?“ oder der Frage, was er davon hält, einbeziehen. In der Regel werden Sie dadurch Zustimmung erhalten.

Wenn Sie merken, dass Ihr Verhandlungspartner weiter mit Abwehr reagiert, ist es besser, die Verhandlung abzubrechen. Sie wissen dann, dass er wirklich nicht mit Ihnen verhandeln will und kein Argument ihn davon abbringen wird.

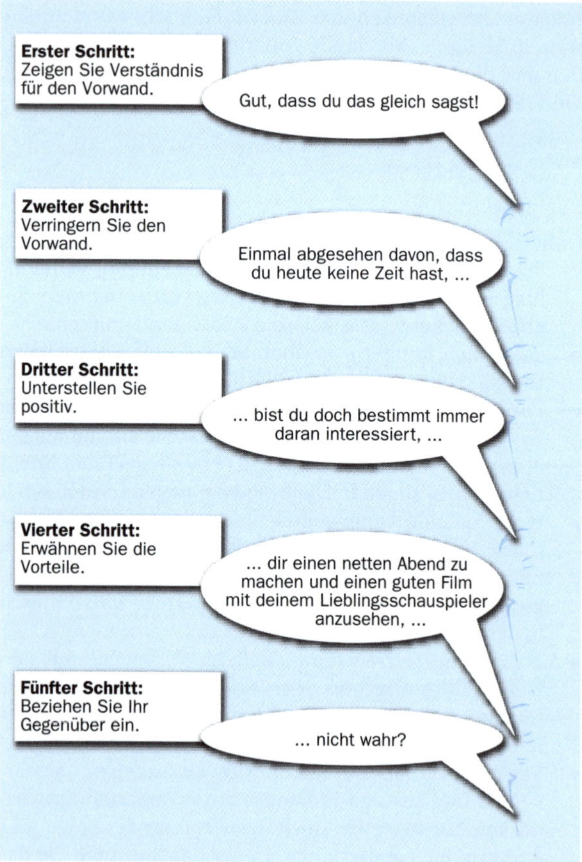

Vorwände vorsichtig aufweichen

Regeln für den erfolgreichen Umgang mit Einwänden

Regel 1: Hören Sie bei jedem Einwand freundlich und aufmerksam zu!

Gehen Sie davon aus, dass Sie in einer Verhandlung immer wieder mit Einwänden konfrontiert werden. Gründe hierfür können sein:

- Ihr Verhandlungspartner ist sich noch nicht ganz sicher, ob er zustimmen soll. Er wünscht sich weitere Informationen und Beweise.
- Er hat noch Zweifel an Ihrer Person.
- Er ist mit Ihrer Argumentation nicht zufrieden, weil sie nicht auf seine Bedürfnisse abzielt.
- Er sieht sein Problem noch nicht gelöst.
- Er möchte mit dem Einwand ein Zugeständnis erreichen.

Einwände können Sie vermeiden oder einschränken, indem Sie sich optimal auf die Bedürfnisse Ihres Verhandlungspartners einstellen.

Je besser Sie mit offenen Fragen die Bedürfnisse Ihres Verhandlungspartners ermittelt haben, desto gezielter und treffender wird Ihre Argumentation ausfallen. Ein überzeugter Verhandlungspartner hat keine oder zumindest weniger Einwände.
Je besser Sie bei einem Einwand zuhören, umso besser können Sie analysieren, warum er vorgebracht wird.

Stehen Sie Einwänden grundsätzlich positiv gegenüber.

Ein Einwand ist nichts Negatives, und er besagt noch lange nicht, dass Ihr Verhandlungspartner Ihnen nicht zustimmen wird, im Gegenteil: Bringt Ihr Verhandlungspartner einen Einwand vor, dann heißt das, dass er sich in Gedanken schon mit einem Abschluss beschäftigt hat. Er äußert einen Zweifel und möchte weitere Informationen oder vielleicht auch ein Zugeständnis.

Für Sie ist das eine Chance, Ihr Angebot, Ihre Konditionen mit allen Vorteilen noch einmal genau zu erklären. Nehmen Sie deshalb jeden Einwand als positives Signal. Würde Ihr Verhandlungspartner den Zweifel nicht äußern, dann hätten Sie diese Chance nicht.

Regel 2: Widersprechen Sie nie bei einem Einwand!

Viele Menschen neigen dazu, bei einem Einwand sofort zu widersprechen. Damit nehmen Sie sich in den meisten Fällen die Chance, den Einwand auszuräumen. Mit Widerspruch, der z. B. durch Äußerungen gekennzeichnet ist wie *Nein, das stimmt nicht …* oder *So ist das nicht gemeint …* verärgern Sie in der Regel Ihren Verhandlungspartner.
Zu Recht, denn mit solchen Äußerungen bringen Sie zum Ausdruck, dass Sie seine Sachkompetenz anzweifeln. Sie verletzen das Selbstwertgefühl Ihres Gesprächspartners. Verhandlungserfolge erzielen Sie nicht.
Auch wenn Ihnen ein Einwand überflüssig oder gar dumm erscheinen mag: Achten Sie immer darauf, dass Ihr Gesprächspartner sein Gesicht wahren kann.

Regel 3: Versuchen Sie, die Hintergründe für den Einwand zu erfahren!

Um einen Einwand mit weiteren Argumenten ausräumen zu können, müssen Sie erst einmal wissen, warum der Einwand vorgebracht wurde. Sonst ist es möglich, dass Sie daran vorbei argumentieren. Nur wenn Sie die Hintergründe des Einwandes kennen, können Sie richtig auf ihn reagieren und ihn anschließend ausräumen.
Sagt Ihnen Ihr Verhandlungspartner z. B., er finde Ihr Angebot zu teuer, kann dies unterschiedliche Gründe haben. Vielleicht ist er vom Preis-Leistungs-Verhältnis nicht überzeugt,

vielleicht hat er ein günstigeres Angebot von der Konkurrenz, vielleicht reicht sein Budget einfach nicht.
Stellen Sie deshalb - nachdem Sie aktiv zugehört haben - offene Fragen, um die Hintergründe für den Einwand zu erfahren.

Beispiel

Einwand: „Zu teuer"
- „Womit vergleichen Sie den Preis?"
- „Was meinen Sie genau mit ‚zu teuer'?"
- „Wie teuer dürfte es denn Ihrer Meinung nach sein?"
- „Wonach beurteilen Sie den Preis des Produktes xy?"

Einwand: „Kein Bedarf"/„Kein Interesse"
- „Woran haben Sie keinen Bedarf?"
- „Wo liegt denn Ihr besonderes Interesse?

Regel 4: Räumen Sie den Einwand aus, indem Sie mit weiteren Informationen und Argumenten überzeugen!

Wenn Sie den Einwand genau analysiert haben, können Sie entscheiden, wie Sie weiter vorgehen wollen.

- Hat Ihr Verhandlungspartner z. B. noch Zweifel an Ihrem Preis-Leistungs-Verhältnis, können Sie ihn mit weiteren Argumenten von der Qualität Ihres Angebots überzeugen.
- Liegt ein günstigeres Angebot der Konkurrenz vor, ist es ratsam, zunächst die Leistungen des Konkurrenzangebots mit Ihren Konditionen zu vergleichen. Es ist möglich, dass der Preis zwar günstiger ist, die Leistungen aber nicht vergleichbar sind. Sie können danach immer noch entscheiden, ob Sie Ihren Verhandlungspartner mit weiteren Informationen und Argumenten von Ihrem Angebot überzeugen oder ob Sie ein Preiszugeständnis machen möchten. Bedenken Sie, dass oft nicht der Preis allein entscheidet. Sympathie und Vertrauen spielen unter Umständen eine viel größere Rolle.

- Reicht das Budget Ihres Verhandlungspartners nicht, sollten Sie prüfen, ob Sie einige Leistungen streichen können, um den Preis zu senken. Sie können sich vielleicht auch noch entscheiden, Ihrem Verhandlungspartner im Preis entgegenzukommen.

Nicht alle Einwände können Sie ausräumen. Es ist durchaus möglich, dass es keine triftigen Gegenargumente gibt und Sie dem Einwand nichts entgegensetzen können, weil er den Tatsachen entspricht.

In diesem Fall sollten Sie den Einwand Ihres Verhandlungspartners einfach akzeptieren und anschließend die Pluspunkte auf anderen Gebieten sammeln.

Weitere Methoden zur Einwandbehandlung

Einwände vorwegnehmen

Wenn Sie wissen oder vermuten, dass ein bestimmter Einwand kommen wird, können Sie ihn vorwegnehmen, indem Sie selbst darauf hinweisen und ihn dann mit überzeugenden Argumenten direkt ausräumen.

Beispiel

Ein Hoteleinkäufer möchte ein Kontingent von 30 Betten zu einem um 25 Prozent reduzierten Preis aushandeln. Hoteleinkäufer: „Sie denken jetzt wahrscheinlich, dass der Einkaufspreis zu niedrig ist. Wenn Sie aber mit berechnen, dass Ihre Auslastung erheblich steigt und dass unsere Kunden Ihren Getränkeumsatz enorm erhöhen, werden Sie feststellen, dass Sie ein sehr gutes Geschäft machen."

Die Motivationsmethode

Mit der Motivationsmethode drücken Sie Ihrem Verhandlungspartner Ihre Anerkennung aus. Sie können ihn loben oder sich gar bei ihm für einen Einwand bedanken. Sie ermöglichen so eine positive Gesprächsfortführung, Ihr Verhandlungspartner bleibt offen für Ihre Argumente.

- „Das ist ein wichtiger Hinweis. Lassen Sie mich erklären, welche Vorteile Sie von den Konditionen haben ..."
- „Ich sehe, Sie kennen sich auf diesem Gebiet sehr gut aus ..."
- „Das ist eine sehr wichtige Frage ..."
- „Gut, dass Sie das ansprechen, so kann ich diesen Punkt noch einmal genau erläutern ..."
- „Gut, dass Sie das gleich sagen. Was genau meinen Sie mit zu teuer?"

Die Bumerang-Methode

Mit dieser Methode geben Sie einen Einwand an Ihren Verhandlungspartner zurück. Sie verblüffen ihn, und er wird neugierig auf weitere Informationen und Ausführungen.

Beispiel

„An einer Verlängerung des Vertrages haben wir kein Interesse. Ihre Preise sind viel zu hoch."
- „Gerade deshalb bin ich heute hier. Ich habe nämlich einen attraktiven Vorschlag für Sie."
- „Gut, dass Sie das gleich ansprechen. Gerade deshalb bin ich heute hier ..."

Einwandbehandlung

Methode	Begründung/Ziel
Offene Frage	Passgenau und zutreffend argumentieren.
Einwände vorwegnehmen	Wenn mit bestimmten Einwänden zu rechnen ist. Vertrauen schaffen.
Motivationsmethode	Ermöglichung einer positiven Gesprächsfortführung. Ihr Verhandlungspartner bleibt offen für Ihre Argumente.
Bumerang-Methode	Verhandlungspartner soll neugierig werden auf weitere Argumente und Informationen.
Referenzmethode	Vertrauen schaffen.

Anwendung	Beispiel
Wichtige Informationen erfragen, die es ermöglichen, den Einwand zu analysieren.	„Was meinen Sie mit ‚zu teuer'?" – „Woran haben Sie keinen Bedarf?" – „Was veranlasst Sie zu dieser Haltung?"
Einwand wird im Voraus durch triftige Argumente ausgeräumt.	„Sie denken jetzt wahrscheinlich, dass der Preis viel zu hoch ist. Unter Berücksichtigung der Haltbarkeit jedoch ..."
Sie drücken Ihrem Verhandlungspartner Ihre Anerkennung aus, d. h., Sie loben ihn und bedanken sich möglicherweise für einen Einwand.	„Gut, dass Sie das gleich ansprechen ..." – „Ich sehe, Sie sind Experte auf diesem Gebiet ..."
Einwand wird an den Gesprächspartner zurückgegeben.	„Gut, dass Sie das gleich ansprechen. Gerade deshalb bin ich heute hier ..."
Bezug nehmen auf andere Personen oder Unternehmen, die bereits Kunden sind.	„Herr xy hatte die gleichen Fragen ..." – „Das Unternehmen yz hat gute Erfahrung gemacht mit ..."

Die Referenzmethode

Die Referenzmethode ist immer dann sinnvoll, wenn Sie einem Einwand entnehmen, dass Ihr Verhandlungspartner Ihnen oder Ihrem Angebot noch nicht ganz vertraut.

Bei der Referenzmethode beziehen Sie sich auf andere Personen oder Unternehmen, die in ähnlicher Situation gute Erfahrungen mit Ihrem Angebot gemacht haben oder die Ihre Konditionen akzeptiert haben und damit zufrieden sind.

„Ich kann gut verstehen, dass Sie dazu noch weitere Fragen haben, das Unternehmen xy hatte anfangs die gleichen Fragen und hat genau geprüft. Inzwischen hat es sich für einen Vertrag mit uns entschieden, weil sich unser Preis-Leistungs-Verhältnis als das beste herausgestellt hat."

Erfolgskontrolle

Nach Ihrer Argumentation müssen Sie überprüfen, ob der Einwand tatsächlich ausgeräumt wurde.

Achten Sie dabei auf die Körpersprache Ihres Verhandlungspartners: Stirnrunzeln oder verschränkte Arme können ein Zeichen dafür sein, dass Ihre Informationen und Argumente bei Ihrem Verhandlungspartner nicht angekommen sind.

Es kann immer passieren, dass Sie an den Bedürfnissen Ihres Gegenübers vorbei argumentieren. Fragen Sie, wenn Sie nicht ganz sicher sind, ob alle Fragen beantwortet sind. Ihr Ziel ist es, alle Zweifel auszuräumen. Dazu aber müssen Sie die Zweifel und offenen Punkte kennen.

Um sie zu ergründen, sollten Sie eine offene Frage stellen, denn nur die offene Frage garantiert, dass weitere Fragen auch tatsächlich gestellt werden.

Beispiel

Die geschlossene Frage „Haben Sie dazu noch Fragen?" wird oft nur mit Schweigen, Kopfschütteln oder einem knappen „Nein" beantwortet.
Die offene Frage „Welche Fragen haben Sie hierzu noch?" motiviert dagegen zum Nachdenken und zu einer ausführlichen Antwort.

Auf den Punkt gebracht

- Einwände und Vorwände sind Widerstände gegen Ihr Angebot oder gegen Ihre Konditionen.
- Vorwände sind Abwehrmechanismen, die den wahren Grund für den Widerstand verdecken sollen.
- Einwände können Sie ausräumen, Vorwände nicht, weil Sie den wahren Grund für den Widerstand nicht kennen.
- Vorwände können Sie leicht daran identifizieren, dass sie bei dem Versuch, sie wie einen Einwand auszuräumen, wiederholt werden bzw. dass ein weiterer Vorwand folgt.
- Hören Sie freundlich und aufmerksam zu, wenn Sie mit einem Einwand konfrontiert werden. Widersprechen Sie nicht. Versuchen Sie, die Hintergründe durch offene Fragen zu ermitteln. Überzeugen Sie anschließend mit weiteren treffenden Informationen und Argumenten.
- Wenn Sie fest mit einem Einwand rechnen, können Sie ihn auch vorwegnehmen und direkt mit guten Argumenten ausräumen.
- Mit der Motivationsmethode drücken Sie Ihrem Verhandlungspartner Ihre Anerkennung für den Einwand aus oder Sie bedanken sich dafür. Sie eignet sich auch als Einleitung für andere Methoden.
- Überprüfen Sie, ob Sie mit Ihrer Einwandbehandlung alle Fragen ausreichend beantwortet haben bzw. alle Zweifel ausgeräumt haben.

7 Abschlusssignale und -techniken

Von Anfang an den Weg für einen erfolgreichen Abschluss ebnen

Es gibt unterschiedliche Techniken, mit denen Sie einen Abschluss erreichen können. Sie dürfen Sie jedoch niemals separat sehen oder anwenden.

Der Abschluss einer Verhandlung beginnt schon mit der Eröffnung des Verhandlungsgesprächs. Wenn Sie Ihrem Verhandlungspartner nicht sympathisch sind, wird es schwer, überhaupt einen Abschluss zu erreichen. Umgekehrt gilt: Wenn Sie sich optimal auf Ihren Verhandlungspartner einstellen, können Sie schon mit den ersten Sätzen den Weg zu einem erfolgeichen Abschluss ebnen.

Eine weitere, entscheidende Stufe auf dem Weg zu Ihrem Abschluss ist die überzeugende Argumentation und die gelungene Einwandbehandlung.

Waren Sie bis hierher erfolgreich, dann können Sie zum Abschluss übergehen.

Abschlusssignale erkennen

> Achten Sie unbedingt darauf, dass Sie einem erfolgreichen Abschluss nicht selbst im Wege stehen, indem Sie Abschlusssignale übersehen und einfach weiterreden.

Das passiert schneller, als Sie vielleicht denken:

- Ihr Verhandlungspartner möchte gern zustimmen, Sie reden jedoch immer weiter und lassen den richtigen Moment ergebnislos verstreichen.

- Sie drängen im falschen Moment zu sehr und versuchen, Ihren Verhandlungspartner unbedingt zu einer Zustimmung zu bewegen.
- Sie wollen gerade nicht drängen und bieten dem Gesprächspartner an, sich die vereinbarten Punkte noch einmal ganz genau zu überlegen. Das kann dann dazu führen, dass Ihr Verhandlungspartner es sich noch einmal anders überlegt.
- Sie wirken im entscheidenden Moment unsicher und verunsichern damit auch Ihren Partner.

Abschlusssignale können Sie während des gesamten Verhandlungsgesprächs erhalten, auch schon zu Gesprächsbeginn.

Stellen Sie sich vor, Sie kommen zu einem Verhandlungspartner, der Ihren Vorschlägen bis heute immer sehr skeptisch gegenüberstand. Nun empfängt Sie dieser Verhandlungspartner sehr freundlich mit den Worten: „Schön, dass Sie heute hier sind, ich habe mich noch einmal intensiv mit Ihrem Angebot befasst und habe dazu noch eine Frage."

In diesem Beispiel sollten Sie direkt auf das Abschlusssignal Ihres Verhandlungspartners eingehen und Ihren vorher geplanten Pfad verlassen.
Beantworten Sie die Frage und gehen Sie anschließend direkt zum Abschluss über.

Reagieren Sie umgehend, wenn Sie Abschlusssignale empfangen.

Es besteht sonst die große Gefahr, dass Sie den Abschluss zerreden und ihn verpassen.

Dass Ihr Verhandlungspartner bereit ist, einem Abschluss zuzustimmen, können Sie an verschiedenen Verhaltensweisen und/oder Äußerungen erkennen:

- Er stimmt Ihren Argumenten zu: Dies ist durch Körpersprache (z. B. Kopfnicken) und/oder durch entsprechende Äußerungen möglich.

- Er beschäftigt sich in Gedanken schon mit den Auswirkungen der Vereinbarung.

Beispiel

Der Interessent für eine Eigentumswohnung, mit der bestimmte Einrichtungsgegenstände übernommen werden sollen, stellt sich laut vor, was er mit den Gegenständen macht, wie die Möbel aufgestellt werden sollen, wie er von dort zum Büro kommt etc.

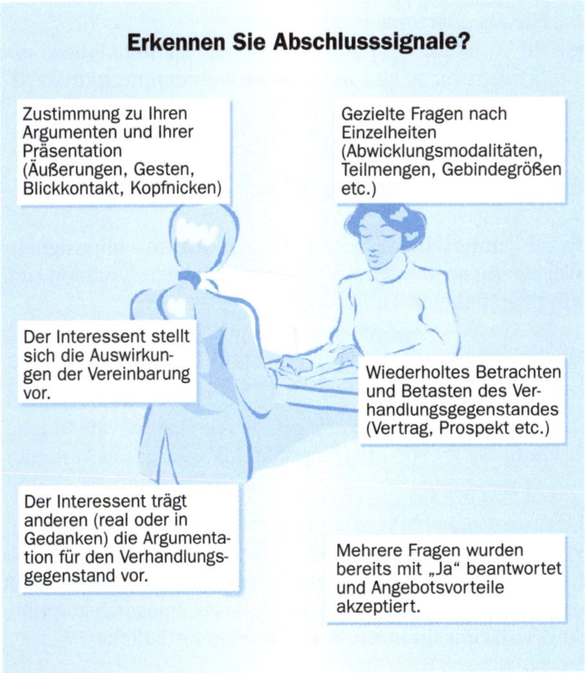

Signale, die auf eine Abschlussbereitschaft deuten

- Er fragt nach der weiteren Vorgehensweise oder nach Details und/oder Abwicklungsmodi, z. B. nach Einzelheiten zur Bezahlung, dem Termin zur Schlüsselübergabe oder ab wann die Handwerker in die Wohnung dürfen.
- Wiederholtes und intensives Betrachten und Betasten des Verhandlungsgegenstandes, der Vereinbarung oder eines Prospektes.
- Ihr Verhandlungspartner zieht jemanden zum Gespräch hinzu und trägt dieser Person selbst die Argumente, die für die Vereinbarung sprechen, vor. Oder er überlegt sich, wie er selbst andere wichtige Personen (Vorgesetzte, Geschäftspartner, Ehepartner, Kollegen etc.) von der Vereinbarung überzeugen kann.
- Ihr Verhandlungspartner hat bereits mehrere Fragen mit Ja beantwortet und wesentliche Verhandlungspunkte akzeptiert.

Erfolgreiche Reaktionen auf Abschlusssignale

Es gibt unterschiedliche Reaktionen auf Abschlusssignale. Welche Sie anwenden, ist von der jeweiligen Situation und Ihrer Persönlichkeit abhängig.

Unabhängig davon, für welche Technik Sie sich entscheiden, bedenken sie jedoch immer Folgendes:

> Vermeiden Sie eine zu siegesgewisse Haltung oder unverhohlene Freude über Zugeständnisse oder das Verhandlungsergebnis.

Das verunsichert Ihren Verhandlungspartner. Er wird denken, dass er viel zu nachgiebig war, und macht vielleicht einen Rückzieher. Signalisieren Sie dagegen Ihre Unsicherheit darüber, ob Sie ihm nicht viel zu weit entgegengekommen sind, so ist das für Ihren Abschluss eher förderlich.

Die direkte Abschlussfrage

Bei der direkten Abschlussfrage fassen Sie die wesentlichen Vorteile noch einmal zusammen und stellen dann die Frage nach der Zustimmung zu Ihren Konditionen bzw. zu der bisherigen Vereinbarung.

Nennen Sie bei der Zusammenfassung drei bis maximal fünf Vorteile, den größten ganz zum Schluss.

Eventuell ist es auch sinnvoll, die Nachteile, die Ihrem Partner entstehen, wenn er nicht zustimmt, danebenzustellen.

Abschlussreife Umwandlung der Frage des Gesprächspartners

Erhalten Sie von Ihrem Verhandlungspartner ein Abschlusssignal in Form einer Frage, empfiehlt sich Folgendes:

- Geben Sie zunächst die erforderliche sachliche Antwort.
- Stellen Sie dann eine Gegenfrage, mit der Sie Ihren Verhandlungspartner zum Abschluss hinleiten.

Kunde:	„Können wir auch Teillieferungen vereinbaren?"
Verkäufer:	„Ja, Sie können auch Teillieferungen erhalten. Welche Größenordnungen und welche Termine stellen Sie sich vor?"

Abschluss mit Fristsetzung/Verknappung

Es kann durchaus sinnvoll sein, die Vereinbarung an eine Frist zu binden und den Verhandlungspartner dadurch zu einem Abschluss zu bewegen.

Bedenken Sie jedoch, dass dies – sofern die Fristen nicht wirklich bestehen – ein gefährliches Spiel ist. Ohne Gesichtsverlust und ohne Verlust Ihrer Glaubwürdigkeit können Sie die Fristen kaum wieder zurückziehen.

Falls Sie selbst unter Druck stehen, weil Sie an bestimmte Termine gebunden sind, sollten Sie sich das keinesfalls anmerken lassen.

Ihr Verhandlungspartner könnte dies nutzen, um (weitere) Vorteile auszuhandeln.

Wenn-Technik

Die Wenn-Technik können Sie immer dann anwenden, wenn Sie Ihren Verhandlungspartner ohne Druck zu einer Zustimmung bewegen wollen.

„Wenn Sie sich für eine Zusammenarbeit mit unserem Unternehmen entscheiden, welche Vertragslaufzeit käme dann für Sie in Frage?"

Das Wenn können Sie auch durch „angenommen, dass …" oder „für den Fall, dass …" ersetzen.

Mit der Wenn-Technik vermeiden Sie ein direktes Nein.

Alternativ-Technik

Bei dieser Technik setzen Sie die grundsätzliche Zustimmung Ihres Verhandlungspartner bereits voraus. Sie überlassen ihm lediglich die Entscheidung zwischen zwei Möglichkeiten.

Das Verhandlungsprotokoll oder der Vertrag

Das Protokoll einer Verhandlung sollten Sie selbst verfassen. So können Sie sichergehen, dass alle für Sie wichtigen Themen tatsächlich aufgenommen werden. Außerdem haben Sie so einen gewissen Spielraum für die Formulierungen.

Checkliste **Langfristige Geschäftsbeziehungen**

Langfristige Geschäftsbeziehungen entstehen immer dann, wenn beide Verhandlungspartner ein akzeptables Ergebnis vereinbart haben und die Leistungen wie vereinbart erbracht werden.

- ☐ Worauf legt Ihr Geschäftspartner großen Wert? Was ist wichtig für ihn?

  ___

- ☐ Werden die Erwartungen Ihres Geschäftspartners erfüllt?

  ___

- ☐ Wie zufrieden ist er mit Ihren Leistungen, Konditionen?

  ___

- ☐ Wo liegen Optimierungspotenziale und wie können diese umgesetzt werden?

  ___

- ☐ Kann der Partner auch aktuell noch mit den verhandelten Konditionen einverstanden sein?

  ___

- ☐ Was hat sich in der Zwischenzeit geändert?

  ___

- ☐ Was muss angepasst werden?

  ___

- ☐ Wie können Sie Ihrem Geschäftspartner zusätzlich helfen, bessere Geschäfte zu machen?

  ____

- ☐ Welche kostenlosen Zusatzdienste, Ideen können Sie ihm liefern?

  ____

- ☐ Mit welchen weiteren Informationen können Sie ihm helfen?

  ____

- ☐ Wie können Sie ihm helfen, besser, schneller, einfacher zu arbeiten?

  ____

Es liegt dann bei Ihrem Verhandlungspartner, alle Details genau zu kontrollieren und Ihnen bei Bedarf Ergänzungs- oder Änderungswünsche mitzuteilen. Werden diese nicht innerhalb einer angemessenen Frist mitgeteilt, gelten die von Ihnen verfassten Vereinbarungen.

Sollte das Protokoll oder der Vertrag nicht von Ihnen verfasst werden, so schauen Sie sich alle Formulierungen genau an und prüfen Sie, ob alle wesentlichen Bestandteile enthalten sind. Insbesondere nach langen, schwierigen Verhandlungen und anschließenden umfassenden Schriftwerken besteht die Gefahr, dass Sie etwas übersehen, was zu einem schlechteren Ergebnis für Sie führen kann.

Fragen Sie sich zum Schluss, was Sie zukünftig tun wollen, um die Bindung zum anderen zu erhalten und auszubauen.

Auf den Punkt gebracht

- Abschlusstechniken können Sie nicht isoliert betrachten und anwenden. Sie beginnen bereits mit der Eröffnung des Verhandlungsgesprächs.
- Die professionelle Anwendung von Fragetechniken, Ihre überzeugende Argumentation und die erfolgreiche Einwandbehandlung bilden die Grundlage für den Abschluss.
- Achten Sie darauf, sich beim Abschluss nicht selbst im Wege zu stehen, indem Sie Abschlusssignale nicht wahrnehmen oder nicht darauf reagieren.
- Reagieren Sie umgehend, wenn Sie Abschlusssignale erhalten. Gehen Sie darauf ein, es besteht sonst die Gefahr, dass Sie den richtigen Zeitpunkt für den Abschluss verpassen.
- Erfolgreiche Reaktionen auf Abschlusssignale sind z. B. die direkte Abschlussfrage, die abschlussreife Umwandlung der Frage Ihres Verhandlungspartners, die Fristsetzung, die Wenn-Technik und die Alternativ-Technik.
- Wenn möglich, schreiben Sie das Verhandlungsprotokoll. So können Sie alle für Sie wichtigen Themen aufnehmen und haben einen gewissen Spielraum für die Formulierungen.

Literaturverzeichnis

Behle, C./vom Hofe, R. (Hrsg.): Das große Handbuch für den Außendienst. München/Zürich/Dallas 2002

Ditko, P. H. (Hrsg.): Reden und Rhetorik von A–Z: Das Kommunikationslexikon für Unternehmer und Manager. Köln, Grundwerk 1998

Enkelmann, N. B.: Die Sprache des Erfolgs, Rhetorik und Persönlichkeit - So stärken Sie Ihr Ich. Wiesbaden [4]2007

Fink, K. J.: Bei Anruf Termin. Wiesbaden [3]2005

Heeper, A./Schmidt, M.: Verhandlungstechniken - Pocket Business Hörbuch (70 Min.). Berlin 2007

Kiesel, M./Ulsamer, R.: Interkulturelle Kompetenz für Wirtschaftsstudierende. Berlin 2000

Kreggenfeld, Udo: Verhandeln[2]. Berlin 2010

Lay, R.: Manipulation durch Sprache, Rhetorik, Dialektik und Forensik in Industrie, Politik und Verwaltung. Berlin [5]1999

Robinson, Collins: In Verhandlungen gewinnen: Strategien, Techniken und Taktiken für Ihren Erfolg. Landsberg/Lech 1992

Stockhausen, A.: Gesprächs- und Verhandlungsführung: Crashkurs. Berlin 2010

Ury, W. L.: Schwierige Verhandlungen. Wie Sie sich mit unangenehmen Kontrahenten vorteilhaft einigen. Frankfurt am Main/New York 1995

Stichwortverzeichnis